Mohammed Bazzaoui

Electrosynthèse des polymères conducteurs sur Métaux Oxydables

Mohammed Bazzaoui

Electrosynthèse des polymères conducteurs sur Métaux Oxydables

Caractérisation structurale et évaluation des propriétés des revêtements

Presses Académiques Francophones

Impressum / Mentions légales

Bibliografische Information der Deutschen Nationalbibliothek: Die Deutsche Nationalbibliothek verzeichnet diese Publikation in der Deutschen Nationalbibliografie; detaillierte bibliografische Daten sind im Internet über http://dnb.d-nb.de abrufbar.
Alle in diesem Buch genannten Marken und Produktnamen unterliegen warenzeichen-, marken- oder patentrechtlichem Schutz bzw. sind Warenzeichen oder eingetragene Warenzeichen der jeweiligen Inhaber. Die Wiedergabe von Marken, Produktnamen, Gebrauchsnamen, Handelsnamen, Warenbezeichnungen u.s.w. in diesem Werk berechtigt auch ohne besondere Kennzeichnung nicht zu der Annahme, dass solche Namen im Sinne der Warenzeichen- und Markenschutzgesetzgebung als frei zu betrachten wären und daher von jedermann benutzt werden dürften.

Information bibliographique publiée par la Deutsche Nationalbibliothek: La Deutsche Nationalbibliothek inscrit cette publication à la Deutsche Nationalbibliografie; des données bibliographiques détaillées sont disponibles sur internet à l'adresse http://dnb.d-nb.de.
Toutes marques et noms de produits mentionnés dans ce livre demeurent sous la protection des marques, des marques déposées et des brevets, et sont des marques ou des marques déposées de leurs détenteurs respectifs. L'utilisation des marques, noms de produits, noms communs, noms commerciaux, descriptions de produits, etc, même sans qu'ils soient mentionnés de façon particulière dans ce livre ne signifie en aucune façon que ces noms peuvent être utilisés sans restriction à l'égard de la législation pour la protection des marques et des marques déposées et pourraient donc être utilisés par quiconque.

Coverbild / Photo de couverture: www.ingimage.com

Verlag / Editeur:
Presses Académiques Francophones
ist ein Imprint der / est une marque déposée de
OmniScriptum GmbH & Co. KG
Heinrich-Böcking-Str. 6-8, 66121 Saarbrücken, Deutschland / Allemagne
Email: info@presses-academiques.com

Herstellung: siehe letzte Seite /
Impression: voir la dernière page
ISBN: 978-3-8381-4230-2

Zugl. / Agréé par: Porto, Universidade do Porto, FEUP., 2003

Copyright / Droit d'auteur © 2014 OmniScriptum GmbH & Co. KG
Alle Rechte vorbehalten. / Tous droits réservés. Saarbrücken 2014

Le *problème de corrosion* touche actuellement tous les domaines de l'activité industrielle et provoque de sérieux dégâts sur les plans économiques et écologiques.

L'ampleur du problème a nécessité le déploiement d'efforts considérables pour la mise au point de techniques et procédures susceptibles de ralentir la vitesse de ce processus et d'amortir son impact sur la productivité industrielle.

Actuellement, avec la découverte des *polymères conducteurs* facilement synthétisables par voie électrochimique, la recherche dans le domaine de la lutte anticorrosion a connu un nouvel élan.

Partant de ce constat, nous avons décrit dans cette thèse sous divers aspect les conditions électrolytiques et les techniques électrochimiques permettant l'élaboration de *revêtements de polypyrrole* sur des électrodes de métaux oxydables.

Nous avons effectivement montré dans une première partie que l'électropolymérisation du pyrrole sur zinc et alliages de zinc peut être réalisée dans des solvants organiques à caractère acide ou neutre en présence $N(Et)_4Tos$. Les films les plus homogènes et les plus adhérents sont obtenus en milieu acétonitrile ou carbonate de propylène en mode galvanostatique avec des densités de courant relativement faibles.

Nous avons ensuite étendu notre investigation à l'électropolymérisation du même monomère en milieu aqueux en raison du double intérêt que présente l'eau sur les plans économique et écologique. Les revêtements polymériques obtenus en milieu aqueux $\{H_2O + Na_2C_4O_6H_4\ 0.2\ M + pyrrole\ 0.5\ M\}$ sont homogènes et très adhérents malgré que les supports métalliques oxydables n'ont pas subit de traitements chimiques ou électrochimiques de passivation préalables.

Par ailleurs, diverses techniques d'analyse spectroscopiques et microscopiques ont été utilisées pour caractériser les revêtements obtenus. En particulier, la microscopie électronique à balayage a révélé une structure morphologique homogène et compacte des films. L'analyse élémentaire par la spectroscopie de photoélectron X et l'analyse vibrationnelle par les spectroscopies infra-rouge et Raman ont indiqué que les revêtements élaborés dans les milieux organiques et aqueux présentent les mêmes caractéristiques structurales et compositions élémentaires que ceux obtenus classiquement sur des substrats nobles.

En outre, les tests au brouillard salin infligés à ces échantillons ont montré que les films préparés en milieu aqueux sous ultrasons sont dotés de capacités de protection anticorrosion très élevées.

L'ensemble des résultats obtenus dans cette thèse met en exergue l'intérêt que représente l'utilisation des *polymères conducteurs dans la protection des structures métalliques contre la corrosion* tout en leur conférant un aspect *esthétique* agréable.

SOMMAIRE

Chapitre II

Méthodologie et techniques expérimentales

Chapitre V

Extension de la technique d'électropolymérisation à l'élaboration de films de polythiophène sur zinc et alliages de zinc en milieux organiques

Introduction générale

La plupart des matériaux et notamment les métaux oxydables, au contact de l'environnement ambiant sont soumis au processus de corrosion qui conduit à leur dégradation plus ou moins rapide. Il s'agit généralement d'actions d'oxydation chimiques ou électrochimiques impossibles à supprimer totalement.

Actuellement, il n'est guère de domaine de l'activité industrielle qui ne soit confronté aux problèmes de corrosion. Ce processus qui peut être défini comme l'interaction physico-chimique qui prend naissance à l'interface entre le métal est son milieu environnant constitue un domaine très étudié de la science des surfaces.

Ainsi, des efforts considérables ont été déployés pour la mise au point de techniques susceptibles de ralentir la vitesse de ce processus. Les différents moyens mis en œuvre, ou encore à l'étude, pour lutter contre la corrosion (protections cathodique et anodique, revêtements métalliques, peintures et vernis, inhibiteurs de corrosion etc.) reflètent l'ampleur du problème et prouvent combien la connaissance et la maîtrise des processus physiques et chimiques aux interfaces est un élément clef de ce domaine.

La découverte des polymères conducteurs dès les années 70 et surtout la véritable explosion des recherches à caractère fondamental à partir de 1977, puis la découverte par la suite de nouveaux matériaux conducteurs facilement synthétisables par voie électrochimique tels que les polythiophènes, les polypyrroles et les polyanilines a considérablement accru le champ d'application de ces matériaux. La littérature scientifique actuelle abonde de travaux décrivant en détail les nombreuses applications envisageables, parmi lesquelles on peut citer l'électrochromisme, le stockage de l'énergie, la conversion de l'énergie solaire, les composants électroniques, l'électroluminescence, la catalyse etc.

Il existe toutefois un domaine d'application qui n'a pas été assez prospecté et qui concerne celui des revêtements organiques vu sous l'angle des propriétés de protection anti-corrosion. Le problème effectivement est de savoir si les techniques d'électrosynthèse des polymères conducteurs peuvent être appliqués aux métaux usuels et pourraient constituer par exemple une méthode de remplacement aux techniques de phosphatation et de chromatation des surfaces.

Ces travaux précurseurs ont tiré profit du fait que malgré la panoplie très large de méthodes de protection dont on dispose actuellement, un grand nombre d'entre elles est voué à l'abandon. En effet, en raison de contraintes écologiques et économiques importantes et dans un souci de préservation de l'environnement, on a été amené à remettre en question certaines de ces techniques telles que la chromatation et la phosphatation qui mettent en jeu des étapes polluantes; et conjointement un regain d'intérêt croissant pour les polymères conducteurs a eu lieu.

Ce type de problèmes à été abordé dans les années 70 dans le cas de poly(oxyde de phénylènes) synthétisés par oxydation électrochimique de phénols diversement substitués et on a pu montrer qu'il était possible de déposer de cette façon sur des métaux oxydables, Fe et Zn, de fines couches de polymères très adhérents, pouvant remplir les fonctions de couches primaires fonctionnalisées sur lesquelles pourraient être greffées par cataphorèse des couches de peinture plus épaisses. Bien que des résultats très intéressants aient été obtenus avec certains aminophénols, le procédé présente l'inconvénient, pour une éventuelle application industrielle, de donner des films dont l'épaisseur ne peut être contrôlée et qui reste de toute façon très faible.

Afin de remédier à cet inconvénient, il s'est avéré important de trouver des systèmes qui polymérisent en restant conducteurs ; ce qui permettrait d'obtenir des épaisseurs de films importantes (plusieurs microns) et suffisantes pour la protection.

De ce point de vue, l'utilisation des polymères conducteurs polyhétérocycliques comme le polypyrrole présente de nombreux avantages, et il a été montré effectivement qu'il était possible de déposer sur fer et sur zinc et en milieu aqueux des films de polypyrrole très adhérents, susceptibles dans le cas du fer de rivaliser avec le procédé de phosphatation actuellement en cours dans l'industrie.

L'utilisation des polymères conducteurs pour la réalisation de revêtements organiques sur les métaux oxydables présente toutefois un certain nombre de difficultés qui sont à l'origine du nombre relativement réduit d'études publiées sur ce thème, la plupart relative d'ailleurs au cas du polypyrrole. La difficulté majeure réside en effet dans l'instabilité de la surface métallique lors du processus d'électropolymérisation, qui fait que le métal généralement se dissous avant que l'électropolymérisation ait lieu. Cette instabilité est d'autant plus grande que le métal est plus électropositif. Ce qui a nécessité des études systématiques en vue d'optimiser les paramètres expérimentaux (solvant, électrolyte support, aditifs, prétraitement de surface, mode d'électrosynthèse, etc.) susceptibles de retarder ou d'inhiber l'oxydation du métal sans empêcher le processus d'électropolymérisation de se produire.

C'est dans ce contexte que s'inscrit le travail développé dans cette thèse que nous avons répartie de la façon suivante :

Dans un **premier chapitre**, après un aperçu général sur le processus de corrosion et les différents moyens de lutte contre ce fléau, nous rappèlerons les propriétés essentielles des polymères conducteurs et nous présenterons les principaux résultats décrits dans la littérature concernant l'électropolymérisation sur métaux oxydables.

Dans un **deuxième chapitre** nous présenterons la méthodologie et les techniques expérimentales utilisées dans ce travail.

Un **troisième chapitre** sera consacré à l'électropolymérisation du pyrrole dans différents milieux organiques sur électrodes de zinc et alliages de zinc [alliage de zinc A (65% Zn - 10% Pb - 25% Ag) et alliage de zinc B (30% Zn - 60% Pb - 10% Ag)]. Les revêtements obtenus par méthodes potentiodynamique, galvanostatique et potentiostatique sont caractérisés par diverses techniques d'analyses microscopiques et spectroscopiques.

Une étude originale d'électrosynthèse de films épais, homogènes et adhérents de polypyrrole dans des solutions aqueuses de tartrate de sodium sur les substrats métalliques précités fera l'objet d'un **quatrième chapitre**. Par ailleurs, cette étude sera étendue à d'autres matériaux oxydables usuels tels que le fer, l'acier galvanisé, le cuivre, le laiton et le nickel.

Enfin, dans un **cinquième chapitre,** et par analogie avec l'étude entamée dans le deuxième chapitre, nous aborderons les possibilités d'élaboration de films d'un autre polymère conducteur, le polythiophène, sur des substrats zingués dans des milieux organiques.

Chapitre I

Etude bibliographique

I- Introduction

Au contact du milieu environnant, les métaux et notamment ceux utilisés à grande échelle dans l'industrie sont soumis à la corrosion. Ce phénomène qui peut être définit comme l'interaction physico-chimique à l'interface entre un matériau et son milieu environnant conduit à la dégradation et à la destruction du matériau.

Actuellement, il n'est guère de domaine de l'activité industrielle qui ne soit confronté aux problèmes de corrosion. C'est donc un processus extrêmement complexe qui dépend de la nature du métal et de son état de surface, mais aussi des propriétés de son environnement (composition chimique, pH, température,...). La gamme très vaste de moyens mis en œuvre, ou encore sous investigation, pour lutter contre la corrosion reflètent l'ampleur du problème et prouvent combien la connaissance et la maîtrise des processus physiques et chimiques aux interfaces est un élément clef de ce domaine.

La découverte des polymères conducteurs dès les années 70 et surtout la véritable explosion des recherches à caractère fondamental à partir de 1977, puis la découverte par la suite de nouveaux matériaux conducteurs facilement synthétisables par voie électrochimique tels que les polythiophènes, les polypyrroles et les polyanilines a considérablement accru le champ d'application de ces matériaux. La littérature scientifique actuelle abonde de travaux décrivant en détail les nombreuses applications envisageables, parmi lesquelles on peut citer l'électrochromisme, le stockage de l'énergie, la conversion de l'énergie solaire, les composants électroniques, l'électroluminescence, la catalyse etc.

Il existe toutefois un domaine d'application qui n'a pas été assez prospecté et qui concerne celui des revêtements organiques vu sous l'angle des propriétés de protection. Le problème effectivement est de savoir si les techniques d'électrosynthèse des polymères conducteurs peuvent être appliqués aux métaux usuels et pourraient constituer par exemple une méthode de remplacement aux techniques de phosphatation et de chromatation des surfaces.

Ces travaux précurseurs ont tiré profit du fait que malgré la panoplie très large de méthodes de protection dont on dispose actuellement, un grand nombre d'entre elles est voué à l'abandon. En effet, en raison de contraintes écologiques et économiques importantes et dans un souci de préservation de l'environnement, on a été amené à remettre en question certaines de ces techniques telles que la chromatation et la phosphatation qui mettent en jeu des étapes polluantes; et conjointement un regain d'intérêt croissant pour les polymères conducteurs a eu lieu.

Dans ce premier chapitre, nous décrivons le processus de corrosion sous ses divers aspects thermodynamique et cinétique en se limitant toute fois au cas du zinc et nous passerons en revu les différentes formes de corrosion et les principales techniques de protection contre la corrosion. Nous rappèlerons ensuite les propriétés des polymères conducteurs et les résultats connus concernant l'utilisation de ces matériaux, notamment le polypyrrole, comme revêtements organiques pour la protection des métaux, particulièrement le zinc, contre la corrosion.

II- Processus de corrosion et moyens de protection du zinc

II.1- Thermodynamique de la corrosion

La corrosion du zinc au contact du milieu agressif (eau, atmosphère humides ….) peut être représentée par deux demi réactions redox dont la première concerne l'oxydation du zinc ($Zn \longrightarrow Zn^{2+} + 2\,e^-$) et la seconde correspond à la réduction de l'agent oxydant qui peut être l'eau H_2O, l'oxygène O_2 ou le cation hydronium H_3O^+ entre autres. Le cation métallique peut réagir immédiatement avec OH^- pour former des oxydes et/ou hydroxydes insolubles qui couvrent la surface du zinc. Ce métal se corrode donc dans la majorité des milieux usuels en développant suivant le pH et la conductivité du milieu, la pression partielle de l'oxygène... des couches constituées de produits de corrosion dont les propriétés protectrices sont liées à leurs stabilités chimiques et leurs propriétés physiques (propriétés électroniques, porosité, homogénéité ….). Le tableau I résume les principaux produits rencontrés dans l'eau.

Il faut noter que pour que le processus de corrosion puisse avoir lieu il faut que la variation de l'énergie libre ΔG associée à la réaction d'oxydation du métal soit négative.

Tableau I : Principales réactions du zinc dans diverses atmosphères.

Zones rurales	$2\ Zn + 2\ H_2O + O_2 \rightarrow 2\ Zn(OH)_2$ $Zn(OH)_2 + 4\ Zn^{2+} + 4\ OH^- + 2\ CO_3^{2-} \rightarrow Zn_5(CO_3)_2(OH)_6$
Zones maritimes	$6\ Zn + 4\ CO_2 + 6\ H_2O + 7\ O_2 + 8\ NaCl \rightarrow Zn(OCl)_2 + Zn(OCl)_4 + Zn(HCO_3)_2 + 8\ NaOH$ Réactions secondaires : $Zn(OH)_2 + 2\ HCl \rightarrow ZnCl_2 + 2\ H_2O$ $ZnCl_2 + 4\ Zn(OH)_2 \rightarrow Zn_5Cl_2(OH)_2$
Zone industrielles	$Zn + SO_2 + O_2 \rightarrow ZnSO_4$ (en présence de petites quantités d'eau) $2\ Zn + 2\ ZnSO_4 + O_2 + 2\ H_2O \rightarrow 2\ ZnSO_4 + Zn(OH)_2$ $2\ Zn(HCO_3)_2 + O_2 + 2\ SO_2 \rightarrow 2\ ZnSO_4 + 4\ CO_2 + 2\ H_2O$ $2\ ZnSO_4 + O_2 + 2\ H_2O + 2\ SO_2 \rightarrow 2\ Zn(HSO_4)_2$

$$\Delta G = -nFE = -n\ F\ \{[E° + RT/nF\ [Ln\ (a_M^{n+}/a_{M°})]]\}$$

où :

n : nombre d'électrons mis en jeu dans la réaction

F : Farday (96500C)

E : potentiel de l'électrode donné par l'équation de Nernst

E° : potentiel standard du couple M^{n+}/M

R : constante universelle des gaz parfaits ($8.314\ JK^{-1}mol^{-1}$)

T : température absolue

a_M^{n+} et $a_M°$: activités thermodynamiques du cation métallique et du métal respectivement

Globalement, l'aspect thermodynamique de la corrosion d'un métal se résume dans son diagramme de Pourbaix qui montre les espèces stables à des valeurs particulières de potentiel et de pH. Le diagramme de Pourbaix du zinc est représenté schématiquement sur la figure 1. Les deux lignes en pointillés sur le diagramme correspondent aux réactions :

$$O_2 + 4\,H^+ + 4\,e^- \rightarrow 2\,H_2O \qquad\qquad E° = (1.23 - 0.059\,pH)\ V$$

$$2\,H^+ + 2\,e^- \rightarrow H_2 \qquad\qquad E° = (-\,0.059\,pH\,)\ V$$

Sur la même figure sont représentées également les zones où se produit la corrosion pour dissolution (domaine de corrosion), celles où l'étape initiale de corrosion conduit à la formation d'hydroxydes qui bloquent la surface (domaine de passivité) et celles où le métal est stable (domaine d'immunité). Les deux zones de corrosion correspondent à la formation de cations Zn^{2+} pour des pH inférieures à 8 et à la formation de zincates $HZnO_2^-$ à des pH plus basiques supérieurs à 12. Le domaine de passivité caractérisé par la formation de $Zn(OH)_2$ est compris dans une zone étroite entre pH 8 et 12.

II.2- Cinétique de la corrosion

Le comportement réel du métal vis à vis du milieu agressif ne peut pas être décrit implicitement en se basant uniquement sur le diagramme de Pourbaix sans prendre en compte les considérations cinétiques de la corrosion. Partant de ce fait, de nouveaux diagrammes ont été conçus permettant d'étudier la corrosion par voltammétrie et les paramètres cinétiques peuvent être prédits à partir des traces des droites de Tafel et des mesures d'impédances.

Parmi les paramètres importants on trouve le potentiel de corrosion, E_{cor}. C'est le potentiel à circuit ouvert dont la valeur peut changer avec le temps. Le courant anodique ou cathodique qui circule à ce potentiel est appelé courant de corrosion, I_{cor} et est directement relié à la vitesse (ou à la constante de vitesse) de corrosion (Fig. 2). Pour des mesures quantitatives les électrochimistes ont recours au tracer de Tafel $E = f\,(\,\log|\,I\,|\,)$ (Fig. 3) qui donne les mêmes informations que le diagramme d'Evans $E = f\,(\,|\,I\,|\,)$ largement utilisé en métallurgie. Le tracer de Tafel donne la possibilité de déterminer I_{cor} avec une grande précision. Il permet de calculer la constante de vitesse à partir de l'intersection des droites anodique et cathodique de Tafel et le coefficient de transfert de charge à partir des pentes de ces droites.

Le courant de corrosion (ou vitesse de corrosion) peut être évalué d'une autre manière : Pour des potentiels voisins de E_{cor}, des approximations peuvent être faites afin d'obtenir une relation qui permet de calculer la valeur du courant de corrosion. Si on considère la demi-réaction anodique, le courant de corrosion s'écrit :

$$I_{cor} = I_{o,a} \exp\left[\frac{\alpha_a nF}{RT}\left(E_{cor} - E_{eq,a}\right)\right]$$

$$= I_{o,a} \exp\left[\frac{2.3}{b_a}\left(E_{cor} - E_{eq,a}\right)\right]$$

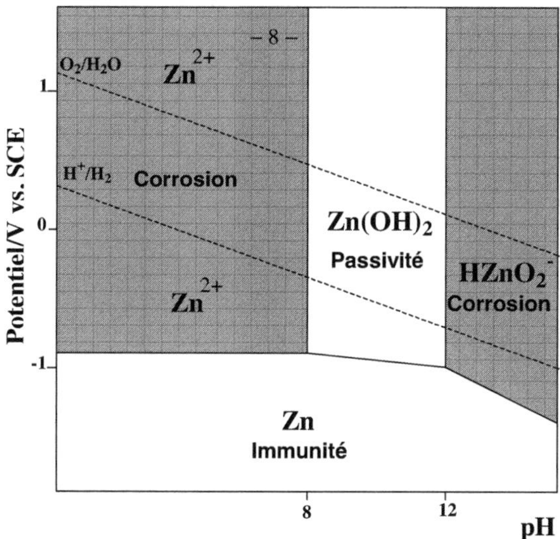

Figure 1 : Diagramme de Pourbaix simplifié (potentiel-pH) du zinc.

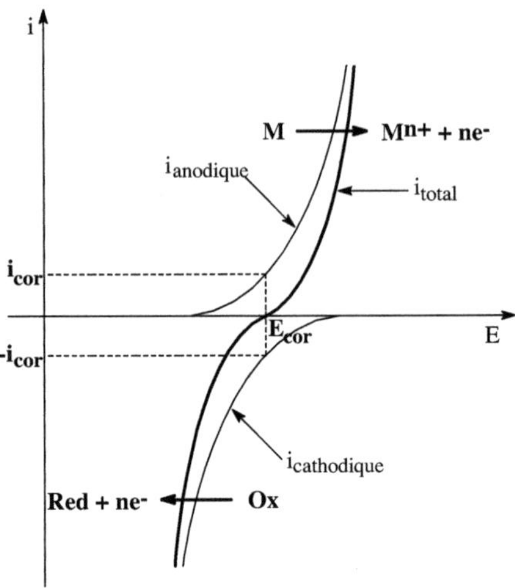

Figure 2 : Tracé d'une courbe de polarisation.

Et de la même manière pour la demi-réaction cathodique :

$$I_{cor} = I_{o,c}\ exp\left[\frac{-2.3}{\left|b_c\right|}(E_{cor} - E_{eq,c})\right]$$

où: $E_{eq,a}$ et $E_{eq,c}$ les potentiels d'équilibre pour les couples redox des demi-réactions anodique et cathodique respectivement. $I_{o,a}$ et $I_{o,c}$ les courants d'échange anodique et cathodique respectivement.

$$b_a = \frac{2.3\,RT}{\alpha_a\,nF} \quad et \quad b_c = -\frac{2.3RT}{\alpha_c\,nF}$$

En outre, pour un potentiel appliqué différent de E_{cor}, I s'écrit :

$$I = I_{cor}\left\{exp\left[\frac{2.3}{b_a}(E - E_{cor})\right] - exp\left[\frac{2.3}{\left|b_c\right|}(E_{cor} - E)\right]\right\}$$

Si (E-E$_{cor}$) = ΔE est petit, en faisant l'approximation exp (x) = 1+x, on obtient :

$$\Delta I = 2.3 \ I_{cor} \left(\frac{\Delta E}{b_a} + \frac{\Delta E}{|b_c|} \right)$$

D'où :

$$I_{cor} = \frac{1}{2.3} \frac{ba.|bc|}{ba + |bc|} \frac{\Delta I}{\Delta E}$$

Dans cette expression, appelée relation de Stern-Geary, $\dfrac{\Delta I}{\Delta E}$ est l'inverse de la résistance R$_p$ appelée résistance de polarisation. L'utilité de cette relation vient du fait que connaissant R$_p$, b$_a$ et b$_c$ on peut déterminer I$_{cor}$.

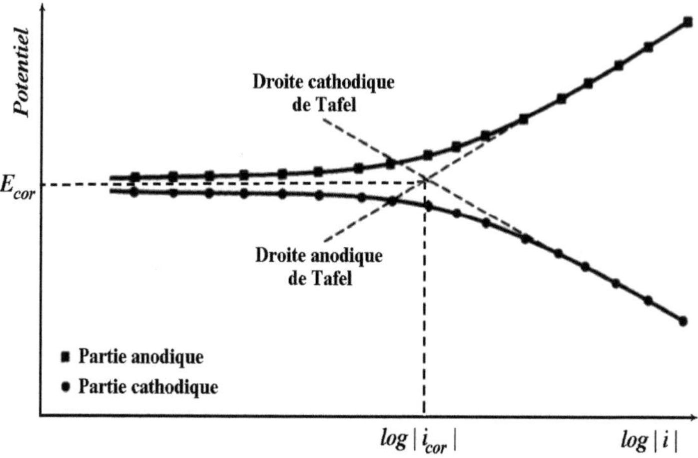

Figure 3 : Détermination graphique du courant de corrosion par les tracés des droites anodique et cathodique de Tafel.

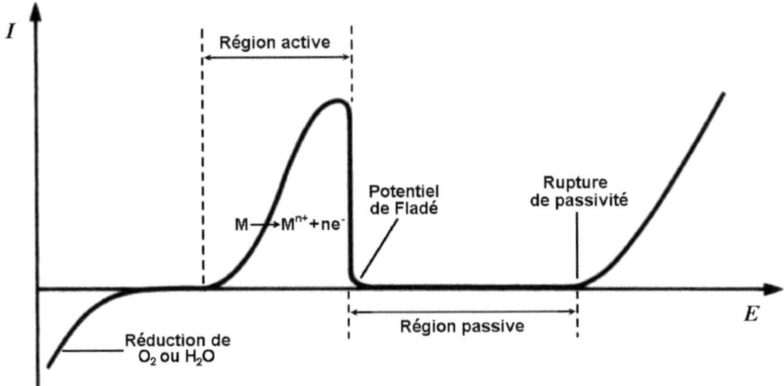

Figure 4: Allure d'une courbe de polarisation totale d'un métal.

Au laboratoire deux méthodes peuvent être utilisées pour déterminer Rp, soit par mesures d'impédances et $R_p = Z_{w\to 0} - Z_{w\to\infty}$, soit par voltammétrie cyclique à une vitesse de balayage de potentiel très faible (de l'ordre de 0.1 mV.s^{-1}) et un domaine balayé étroit (E_{cor} ! 10 mV). Dans ce dernier cas, une droite de pente 1/R$_p$ est obtenue.

La formation de films passifs d'oxydes métalliques rend le métal immunisé vis à vis de la corrosion, même quand la corrosion est thermodynamiquement très favorable. Par balayage du potentiel dans le sens positif (Fig. 4) on observe tout d'abord une corrosion active (région active), mais après avoir atteint une certaine valeur de potentiel (potentiel de Fladé) le courant s'annule brusquement. Cette passivation est due essentiellement à des changements structuraux au niveau de la couche d'hydroxyde qui existe déjà sous forme poreuse et qui passe à une forme non poreuse (région passive). Pour des potentiels très positifs, la rupture de cette couche se produit (domaine de transpassivation).

II.3- Types de corrosion

Les différentes formes de corrosions se répartissent en deux grandes familles, la corrosion généralisée et la corrosion localisée.

La corrosion généralisée concerne la totalité de la surface de l'objet exposé à l'environnement agressif. Elle peut être uniforme c.à.d. que toute la surface d'oxyde ou se réduit sans distinction des sites anodiques et cathodiques, ou galvanique si deux métaux différents sont en contact dans un milieu corrosif ou aussi lorsque deux parties d'un même métal ne sont plus au même potentiel à cause d'une hétérogénéité ou d'un âge différent.

La corrosion localisée se manifeste lorsque le site anodique se limite à une petite surface voire à un point. Sans entrer dans les détails les exemples de corrosion localisée les plus courants sont la corrosion par aération différentielle par piqûres et par attaque microbienne.

Il existe toutefois d'autres formes de corrosion. Il s'agit généralement de corrosions qui ont pour origine un facteur métallurgique ou mécanique :

– La corrosion intergranulaire due à l'imperfection des limites de grains ou à des impuretés ;

– La corrosion au niveau d'une soudure qui met en présence des matériaux différents et en modifie dans sa proche région les caractéristiques métallurgiques et mécaniques ;

– La corrosion par érosion qui concerne les installations soumises à des fluides en mouvement (gaz, liquide, liquide mélangé à des particules solides, boues….)

– La corrosion sous tension qui se produit lorsque le matériau subit une contrainte dans un milieu corrosif ; ce qui provoque la rupture du matériau ou crée des fissures.

II.4- Méthodes de protection contre la corrosion

D'une manière générale, le choix de la méthode de prévention de corrosion à adopter prend en compte les caractéristiques du matériau à protéger, celles de l'environnement et le coût de l'opération. Les techniques de protection peuvent être réparties en trois classes : la protection par revêtements, les protections cathodique et anodique, la modification du milieu environnant.

II.4.1- La protection par revêtements

Ici, le but du revêtement, qui peut être métallique ou non, est d'isoler le matériau du milieu environnant. Parmi les revêtements non métalliques, il faut distinguer les revêtements organiques dont le plus utilisé est la peinture, les revêtements non organiques qui sont la porcelaine et le béton, et les revêtements chimiques ou couches de conversion. Ce dernier cas comprend **i)** l'oxydation chimique ou électrochimique qui aboutit à la formation d'un film d'oxyde protecteur comme dans le cas de l'anodisation de l'aluminium, **ii)** la phosphatation qui est réalisée par immersion de la pièce à protéger dans une solution d'acide phosphorique en présence de phosphates métalliques pour accélérer la formation de la couche protectrice et **iii)** la chromatation qui est utilisée en particulier pour renforcer l'effet d'une anodisation ou d'une phosphatation.

Dans le cas des revêtements métalliques on citera le dépôt chimique, le dépôt électrolytique utilisant une cellule d'électrolyse et le dépôt par immersion à chaud du substrat à protéger dans un bain de métal fondu et dont l'exemple le plus connu est la galvanisation dans un bain de zinc fondu.

II.4.2- Les protections cathodique et anodique

Se sont des procédés électrochimiques dont le but est de porter le potentiel du métal soit dans sa zone d'immunité par anode sacrificielle ou par courant imposé pour la protection cathodique, soit dans sa zone de passivité sans atteindre le domaine de transpassivité (s'applique aux métaux passivables) pour la protection anodique.

II.4.3- La modification du milieu

Il s'agit d'intervenir sur certains paramètres comme le température, la concentration des différentes espèces du milieu, notamment celle de l'oxygène et d'autres oxydants. On peut aussi inclure au milieu des corps chimiques spécifiques appelés inhibiteurs de corrosion. Leur but est de diminuer, par un mécanisme propre à chaque inhibiteur, la vitesse de corrosion d'un matériau. Le mécanisme d'inhibition peut se traduire par :

– Une adsorption d'une molécule organique à la surface du métal.

– Une passivation du métal grâce à un corps inhibiteur oxydant.

– Une précipitation de sels à la surface du métal (exemple : formation de tartre).

– Une élimination de l'agent corrosif comme l'oxygène dissous.

III– Rappels sur les polymères conducteurs

Depuis une vingtaine d'années et surtout depuis 1977, année où Shirakawa *et al.* [1] ont montré que le polyacétylène dopé avec de l'iode passait d'un état isolant à un état conducteur avec une conductivité de l'ordre de 10^3 S.cm^{-1}, un grand intérêt fut porté à cette nouvelle classe de matériaux conducteurs en raison de leurs propriétés physico-chimiques particulières. Ainsi de nouveaux concepts scientifiques et applications technologiques potentielles ont vu le jour [2].

Cependant, malgré la haute conductivité du polyacétylène, sa mauvaise stabilité vis-à-vis de l'oxygène et de l'eau a entraîné une grande activité de recherche vers la découverte et l'étude de nouveaux systèmes organiques conducteurs. C'est ainsi que sont apparus de nombreux polymères conducteurs synthétisé par voies chimiques ou électrochimiques à partir de systèmes aromatiques ou hétérocycliques [3]. Les recherches réalisées dans ce domaine ont été focalisées sur trois principales classes de polymères.

– les polyacétylènes et leurs dérivés

– les polyphénylènes et leurs dérivés

– les polyhétérocycles et leurs dérivés

$X = NH, S, O$

Une grande partie de ces travaux est consacrée à la recherche de nouvelles méthodes de synthèse destinées soit à améliorer les propriétés de matériaux déjà connus, soit à élaborer de nouveaux produits. Parmi ces polymères ceux qui ont été les plus étudiés sont le polypyrrole [4,5], le polythiophène [6,7], la polyaniline [8,9] et le polyparaphénylène [10-12].

Les caractéristiques intéressantes des polymères conducteurs électroniques ont suscité un vif intérêt fondamental et ont ouvert la voie à d'innombrables applications potentielles. Nous nous limiterons dans ce 1er chapitre à passer en revue les principales propriétés de ces matériaux en insistant sur le polypyrrole et le polythiophène et de citer certaines de leurs applications.

III.1- Méthodes de synthèse des polymères conducteurs

Les deux méthodes les plus employées pour synthétiser les polymères conducteurs sont la méthode chimique et la méthode électrochimique. Il existe une troisième méthode développée par Diaz *et al.* [13] qui est basée sur l'utilisation d'un plasma.

III.1.1- Synthèse chimique

La synthèse chimique consiste à faire réagir le monomère avec un initiateur qui peut être un acide fort (H_2SO_4, HF,.....) [14-17], un acide de Lewis ($FeCl_3$, $AlCl_3$,.....) [18,19] ou un catalyseur de Ziegler [20].

Cette technique chimique a été utilisée pour préparer des polymères conducteurs par couplage oxydant de noyaux de monomères. Kovacic *et al.* [21,22] ont montré qu'il était possible d'obtenir en présence d'acide de Lewis ($AlCl_3$) ou d'acide fort (CF_3CO_2H), et par l'intermédiaire d'un mécanisme de couplage cationique de monomères, des produits de condensation composés des différentes structures des polymères et essentiellement de trimères.

Une oxydation radicalaire du monomère ou du dimère par les vapeurs de AsF_5 a été également proposée par Kossmehl *et al.* [23], suivant le mécanisme représenté ci dessous. La composition du polymère dépend alors de la pression de AsF_5 et de la durée de la réaction.

Une autre voie de préparation a également été développée, à partir de dérivés dibromés, en réalisant une réaction de polycondensation de type Grignard, catalysée par des composés organométalliques à base de nickel [24,25].

Tous les polymères préparés chimiquement présentent un degré élevé d'impureté dû essentiellement à la présence d'une quantité de réactifs et de catalyseurs mis en jeu durant la réaction, qui explique en partie leur faible conductivité.

III.1.2- Synthèse électrochimique

Beaucoup de travaux ont été faits au sujet de la polymérisation électrochimique. Cette technique consiste à déposer un film de polymère par oxydation (polymérisation anodique) ou par réduction (polymérisation cathodique) à la surface d'une électrode constituée en général d'un métal noble ou inerte tel que le platine et l'or ou d'un semi-conducteur comme le carbone vitreux et l'ITO.

a) Polymérisation cathodique

La réduction des complexes de métaux de transition a ouvert une nouvelle voie d'électrosynthèse des polymères conducteurs. Cette méthode consiste à réduire un métal du degré d'oxydation positif au degré d'oxydation zéro afin de former des complexes organométalliques avec par exemple le dihalogénothiophène [26]. Ces espèces, une fois formées, polymérisent suivant un mécanisme semblable à celui proposé par Grignard. Les polymères obtenus sous forme de film adhérent à une surface métallique, ont un degré de polymérisation faible.

b) Polymérisation anodique

L'électropolymérisation par oxydation anodique consiste en l'oxydation directe du monomère et ses dérivés qui conduit à la formation de couches conductrices de polymères dopés à la surface de l'électrode.

De façon générale, la structure et les propriétés physico-chimiques du polymère sont influencées par les conditions de synthèse : nature et concentration du monomère, solvant, potentiel appliqué, nature et concentration de l'électrolyte,…..

Il est généralement admis que le mécanisme d'électropolymérisation des hétérocycles comme le pyrrole et le thiophène se fait par un couplage de deux radicaux-cations formés au potentiel d'oxydation du monomère, conduisant à la formation d'un dimère par élimination de

deux protons. Le radical-cation dimère réagit alors avec un radical-cation monomère, et la propagation de la chaîne se poursuit pour donner le polymère [27].

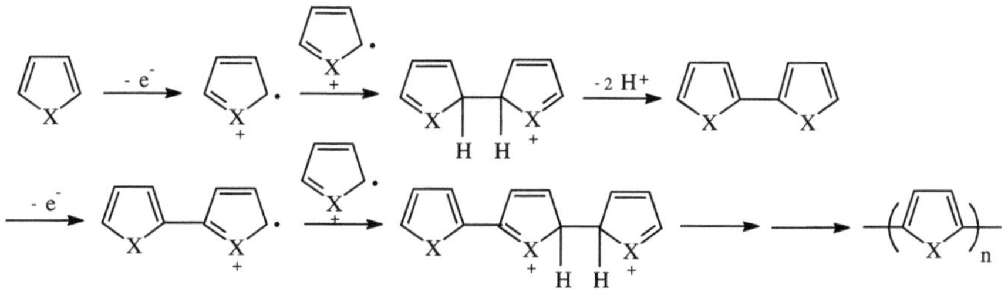

III.2- Propriétés des polymères conducteurs

III.2.1- Stabilité et solubilité

Le polypyrrole présente l'avantage d'être relativement stable aux conditions habituelles de l'environnement (air, humidité, oxygène). Le polythiophène et une grande partie de ses dérivés sont également d'une grande stabilité, ils sont insolubles et infusibles. Cette stabilité est maintenue jusqu'à 350°C dans l'air et 900°C dans un milieu constitué d'un gaz inerte ou dans le vide.

Contrairement aux solutions basiques dans lesquelles le polythiophène est attaqué très lentement, les solutions acides concentrées laissent ce polymère intact.

Cependant, des recherches ont montré que la substitution en position β du thiophène par un groupe alkyl, alkyl-sulfonate ou polyéther augmente considérablement la solubilité du polythiophène [28,29].

III.2.2- Propriétés électroniques

La conductivité des polymères conducteurs constitue un problème toujours d'actualité. Plusieurs modèles théoriques ont été proposés pour expliquer le mécanisme de conduction dans ces matériaux [30,31], mais il n'existe pas aujourd'hui de théorie reconnue rendant compte de manière suffisamment précise des propriétés de transport dans ces polymères.

Cependant, le modèle généralement admis est celui correspondant à la création de bandes électroniques, résultant des interactions entre les unités monomères adjacentes de la chaîne. Les niveaux occupés constituent la bande de valence, les niveaux vacants la bande de conduction. C'est la largeur de la bande interdite représentée par la distance entre les deux bandes de valence et de conduction qui induit les propriétés conductrices du polymère.

Pour illustrer ce modèle néanmoins bien incomplet, nous avons représenté sur la figure 5 l'évolution de la structure de bandes du polythiophène lorsque le taux de dopage augmente.

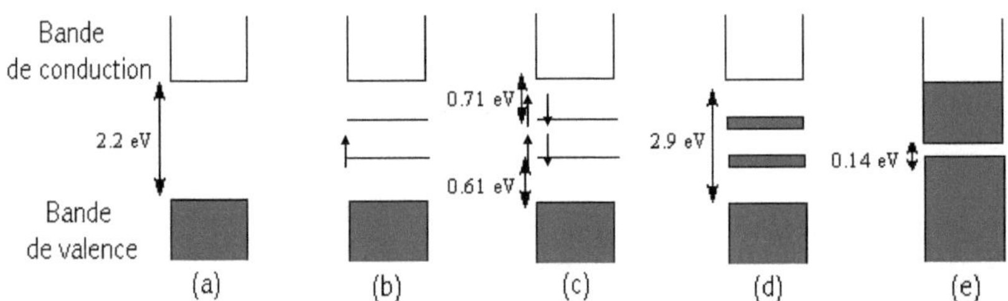

Figure 5: Evolution de la structure de bandes du polythiophène en fonction du taux de dopage [32] : a) film dédopé isolant, b) taux de dopage inférieur à 1%, apparition d'états polaron dans le gap, c) taux de dopage de quelques %, apparition d'états bipolaron, d) dopage à 30%, chevauchement des états bipolaron et formation de deux bandes, et e) dopage hypothétique à 100%, comportement quasi-métallique.

Dans ces polymères, l'extraction d'un électron du système π conjugué provoque une distorsion locale de la chaîne et l'apparition de deux états dans le gap correspondant à un polaron (ou radical cation) de spin ½. Des calculs théoriques ont montré que deux polarons adjacents sont instables et conduisent à la formation d'un défaut doublement chargé, un bipolaron (ou dication). Un bipolaron a une charge double, mais il n'a pas de spin car les deux spins initiaux s'apparient. Ce raisonnement cependant ne tient pas compte des répulsions électrostatiques entre les deux charges. Il est donc assez difficile de prédire si la configuration la plus stable pour deux charges correspond à un bipolaron ou à deux polarons.

Les polymères conducteurs possèdent donc, comme les métaux, un nombre de porteurs de charge qui est sensiblement constant et, comme les semi-conducteurs, ils doivent être dopés pour atteindre de bonnes conductivités. Mais ils diffèrent des deux classes de matériaux par la nature des porteurs de charge, qui ne sont pas des électrons ou trous délocalisés dans des bandes mais des défauts chargés localisés. Cette particularité a une conséquence directe sur les mécanismes de transport : la conduction procède par sauts des porteurs de charge d'un état localisé à un autre, plutôt que par propagation cohérente des électrons ou des trous dans un réseau cristallin.

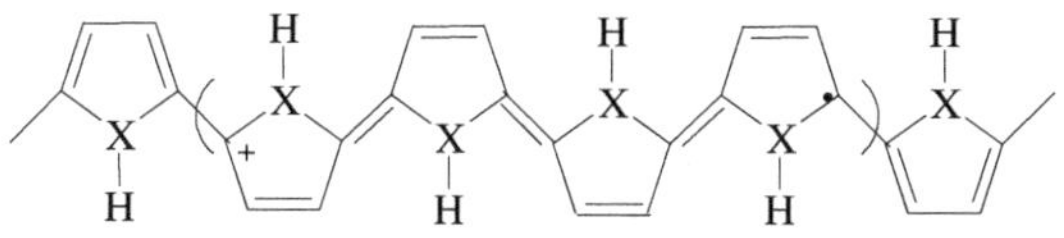

Polaron

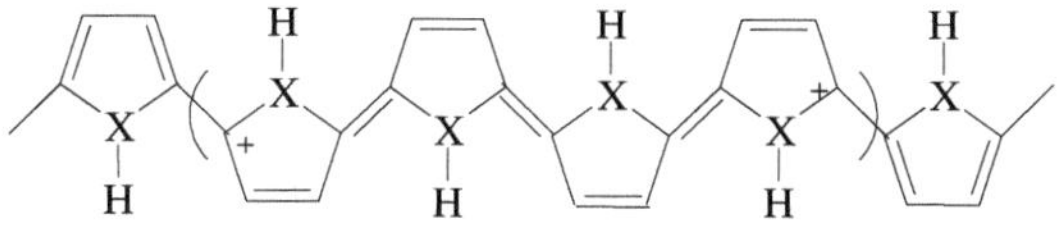

Bipolaron

III.2.3- Propriétés électrochimiques

Le processus de dopage du polymère se fait par transfert d'un électron du polymère à l'électrode, produisant ainsi un trou qui sera neutralisé par la migration d'un anion de la solution vers le polymère (Fig. 6).

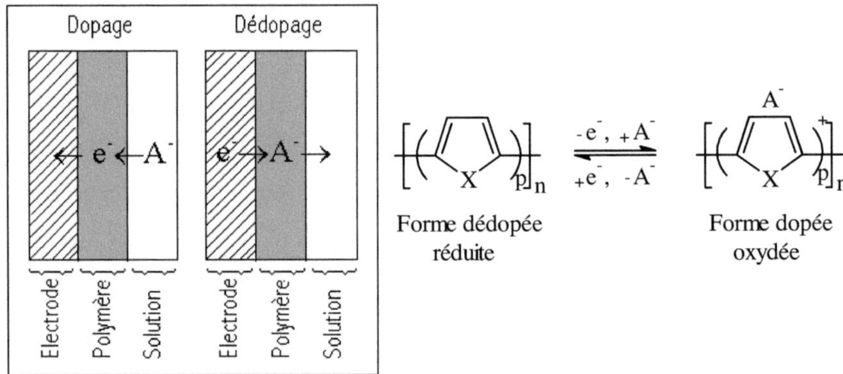

Figure 6 : Schéma explicatif du mécanisme de dopage-dédopage des polymères conducteurs.

III.2.4- Propriétés optiques

La présence de chromophores, c'est à dire de doubles ou triples liaison, dans les polymères conducteurs leur confère des couleurs caractéristiques et entraîne une absorption dans la région visible et proche ultraviolet (entre 200 et 800 nm) due aux transitions $\pi \rightarrow \pi^*$. Les absorptions visibles des formes oxydée et réduite des polymères conjugués étant très différentes, la spectrométrie optique permet de suivre l'apparition des excitations élémentaires lors du processus de dopage-dédopage. Cette propriété fait l'objet de plusieurs investigations dans le domaine des afficheurs électrochromes à base de polymères conducteurs. En effet, une grande variété de couleurs peut être obtenue en changeant la nature du monomère ou l'état d'oxydation du polymère (Tableau II). Cependant, la durée de vie de ces afficheurs (10^5cycles) reste très inférieure à celles des afficheurs à base des matériaux électrochromes inorganiques.

Tableau II : Variation de la couleur du polymère en fonction de son état d'oxydation et de la nature du monomère [33].

Polymère	X	R_1	R_2	Forme oxydée	Forme réduite
	N-H	H	H	marron	jaune
	N-H	CH_3	CH_3	violet	vert
	N-CH_3	H	H	marron-rouge	jaune
	S	H	CH_3	bleu	rouge
	S	H	C_5H_6	bleu-vert	jaune
Polyparaphénylène				rouge	jaune
Polyaniline				Bleu-vert	incolore

III.3- Applications des polymères conducteurs

Grâce à leurs propriétés physico-chimiques très intéressantes, les polymères conducteurs possèdent un large domaine d'applications.

Les transitions entre l'état dopé et l'état dédopé des polymères conducteurs et de la majorité de ses dérivés s'accompagnent d'un changement réversible de couleur. Cet effet électrochrome est exploité pour la réalisation d'afficheurs électrochimiques. Cependant le temps de transition relativement long (150 ms) et le temps de vie de ces afficheurs (10^4 - 10^5 cycles) constituent les principales limitations [34].

La réversibilité du processus de dopage-dédopage des polymères conducteurs comme exemple les polythiophènes a été à l'origine de l'utilisation de ces derniers pour la réalisation d'électrodes positives pour accumulateurs tels que Li/LiClO$_4$-PC/PT(ClO$_4$)$_y$, et dont plusieurs possèdent une différence de potentiel (ddp) élevée à circuit ouvert (3.1 − 3.9 V) qui affecte la stabilité du solvant organique utilisé, et entraîne par ailleurs une autodécharge du polymère [34-37].

Les dérivés des polymères conducteurs sont également utilisés dans le domaine de la conversion de l'énergie solaire en électricité. Des films très minces dédopés sont déposés soit sur Pt ou Au pour réaliser des cellules photovoltaïques [38,39] soit sur des semiconducteurs de faible gap (Si, GaAs) afin de les protéger contre la photodégradation [40-43].

Ces matériaux trouvent également des applications dans le domaine de la catalyse. En effet, le fait qu'ils puissent être dopés en milieu aqueux leur confère les propriétés de matrices pour l'inclusion de catalyseurs comme certains agrégats d'Ag, de Cu et de Pt qui servent à la réduction catalytiques des protons en hydrogène. Les paramètres qui contrôlent ces propriétés catalytiques sont la taille des agrégats, la morphologie du polymère et la nature des interactions entre le polymère et le catalyseur [44].

Par ailleurs, les polymères conducteurs sont également utilisés pour la confection de composants électroniques comme les diodes et les transistors [45-52].

Récemment, des études ont également été développées en vue d'utiliser les polymères conducteurs synthétisés par voie électrochimique, comme couches protectrices des métaux oxydables contre la corrosion [53,54].

IV- Utilisation des polymères conducteurs comme revêtements protecteurs des métaux oxydables contre la corrosion

L'utilisation de métaux oxydables pour électrodéposer les Polymères conducteurs (PC) soulève de nombreuses difficultés liées principalement aux potentiels d'oxydation des monomères très élevés par rapport à celui du substrat. Cependant, le matériau qui compose l'électrode de travail constitue un paramètre très important, qui affecte d'une manière directe le processus d'électropolymérisation et les propriétés du polymère qui en résulte.

En présence de métaux fortement électropositifs comme le Zn, Fe ou Al, caractérisés par des potentiels d'oxydation très négatifs, des difficultés nouvelles surgissent. Lorsqu'on veut réaliser l'électropolymérisation du monomère sur tel métal, il est évident que thermodynamiquement, la dissolution métallique (réaction 1) va être favorisée par rapport à la réaction d'électropolymérisation (réaction 2), ce qui rend donc à priori très difficile, voire impossible, l'électrosynthèse de films de polymères conducteurs sur de tels substrats.

$$M \longrightarrow M^{m+} + me^{-} \qquad (1)$$

$$n \underset{X}{\bigcirc} \longrightarrow \longrightarrow \longrightarrow \underset{X}{\left(\!\!\!\bigcirc\!\!\!\right)_{n}} + (n-2)e^{-} + (n-2)H^{+} \qquad (2)$$

Le processus électrochimique est ainsi dépendant des potentiels E_1 et E_2 des deux réactions d'oxydation (1) et (2), mais aussi de leurs vitesses v_1 et v_2. Il s'agit donc de trouver un compromis entre ces différents paramètres afin de ralentir a vitesse de la réaction de dissolution anodique et de déplacer son potentiel d'oxydation vers des valeurs plus positives sans inhiber la réaction d'électropolymérisation. Pour surmonter cette difficulté, il est recommandé d'une part, un choix judicieux du bain électrolytique ou un prétraitement chimique ou électrochimique du substrat afin de ralentire la cinétique de dissolution du métal de façon à permettre le dépôt du polymère. D'autre part, une utilisation du domaine de passivité des métaux passivables pour former une couche de passivation et ainsi le processus d'électropolymérisation peut s'effectuer.

Malgré, les nombreuses difficultés auxquelles se heurte l'électropolymérisation anodique des hétérocycles à la surface de substrats métalliques oxydables, un nombre appréciable de travaux a été réalisé dans ce domaine, et l'importance attribuée à chaque type de monomère hétérocyclique ou aromatique est fonction des facilités expérimentales (faible valeur du potentiel d'oxydation du monomère, bonne solubilité dans le milieu électrolytique, stabilité du polymère, ...). Ceci explique que le pyrrole ait été le plus étudié, suivi par l'aniline et plus rarement par le thiophène et le benzène.

IV.1- Cas du polypyrrole (PPy)

En 1982, Skotheim *et al.* [55] ont essayé sans succès, de déposer du polypyrrole (PPy) sur des électrodes de Ti, Al, Fe , Ni, et Cr, en milieu CH_3CN + $N(Bu)_4BF_4$, et ont observé une dissolution rapide de l'électrode empêchant l'électropolymérisation d'avoir lieu.

Ce n'est qu'on 1988, que Stevens *et al.* [56] ont signalé la possibilité d'obtenir des films de PPy en milieu carbonate de propylène + $N(Et)_4Tos$, sur différentes électrodes (Pt, Ti, Fe et laiton), avec formation d'un polymère fibrillaire dans le cas de l'acier doux.

Janssen et Beck [57] ont considérablement développé cette voie de recherche et ont montré qu'il était possible de synthétiser du PPy sur du fer et du platine en milieu aqueux et en présence de polyacrylate (PA). Le polymère obtenu est sous forme d'un composite PPy-PA, adhérent au substrat. Le PPy dopé ne se forme que si la densité de courant est maintenue en dessous d'une valeur critique nécessaire pour provoquer l'électrocoagulation du PA, résultant de l'augmentation locale de l'acidité.

L'électropolymérisation du pyrrole sur le fer en milieu aqueux a été réalisée par Schirmeisen et Beck [58]. Après avoir étudié différents systèmes électrolytiques à base d'anions BF_4^-, ClO_4^-, SO_4^{2-}, HCO_3^-, $H_2PO_4^-$ et $H_2BO_3^-$, ces auteurs ont découvert que la formation de films de PPy ne pouvait avoir lieu qu'en présence de l'anion NO_3^-.

De la même façon, Beck et Hüsler ont réalisé des dépôts de PPy sur Al, en milieu organique [59] et aqueux [60]. Dans ce dernier cas, l'électropolymérisation est réalisée en présence d'acide oxalique et en procédant toutefois préalablement à un traitement anodique de la surface dans une solution d'acide nitrique contenant du pyrrole.

Récemment, Beck et Michaelis [61] ont rapporté une nouvelle méthode pour l'obtention de dépôt de PPy sur fer préalablement traité par MnO_2. L'électropolymérisation du pyrrole a été effectuée en milieu aqueux contenant de l'acide oxalique comme électrolyte support. Le polymère ainsi obtenu est très adhérent, non poreux et peut être recouvert anodiquement ou cathodiquement par une couche de peinture.

Récemment, l'électropolymérisation du pyrrole sur substrats oxydables (acier, zinc, nickel) a donné lieu à de nombreux travaux [59,62-64]. Dans le cas du zinc les conditions de d'électrosynthèse du polypyrrole se sont avérées plus délicates. En effet, il a été montré qu'un pretraitement du métal par des sulfures ou par des hétéropolyanions [64] est nécessaire à l'obtention de films de polypyrrole homogène en milieu carbonate de propylène.

En milieu aqueux, l'essentiel des travaux a porté sur l'électropolymérisation du pyrrole sur des métaux comme le fer, l'acier doux, le titane, l'aluminium et le zinc [65-75]. Dans ce domaine un nombre limité de procédés d'électropolymérisation a été développé [65-73]. Lacaze *et al.* ont eu recours à des prétraitements de surface du fer et de l'acier doux par l'acide nitrique [66,70,71] et du zinc par le sulfure de sodium [68,69,72]. Ces prétraitements ont permis d'électrodéposer, en milieu queux et en présence de sels tels que Na_2SO_4, $K_2C_2O_4$ ou KNO_3, des films de PPy uniformes et suffisamment adhérents à la surface des électrodes.

Ce dernier procédé, en deux étapes, a été ensuite amélioré [67] pour aboutir à la mise au point d'un bain électrolytique contenant une solution aqueuse d'oxalate et une faible quantité de sulfure. Cette procédure en une seule étape présente l'avantage de permettre le dépôt direct du PPy sans prétraitement préalable de l'électrode de zinc.

Très récemment, la même équipe de recherche à permis de mettre au point un procédé remarquable d'électropolymérisation du pyrrole en milieu aqueux contenant des molécules organiques à base de salicylate et de ses dérivés [65,73]. Grâce à ce procédé des couches de polypyrrole homogènes et adhérentes ont été élaborées directement sur différents métaux oxydables et particulièrement sur zinc.

IV.2- Cas du polythiophène (PT)

Il a été montré que l'électropolymérisation du thiophène et de ses dérivés pouvait être réalisée sur des métaux oxydables. Deng *et al.* ont pu déposer du poly(3-

méthylthiophène) sur Ti/TiO$_2$ par oxydation électrochimique du 3-méthylthiophène en milieu acétonitrile. Les films obtenus présentent des propriétés médiocres contre la corrosion et de plus ils sont instables à l'air [53].

L'électropolymérisation du 3-méthylthiophène a été également faite sur l'acier inoxydable dans le but de passiver ce métal [76]. Les films obtenus sont capables de protéger galvanostatiquement l'acier dans une solution d'acide sulfurique 1 N saturée en air ou en azote.

Otero *et al.* [77] ont également montré qu'il était possible de déposer du polythiophène sur l'acier par oxydation électrochimique du thiophène en appliquant des rampes de courant ou de potentiel de formes trapézoïdales. D'après ces auteurs, des réactions secondaires telles que l'oxydation des traces d'eau contenues dans l'acétonitrile provoque des attaques nucléophiles sur les chaînes du polymère en croissance, ce qui diminue la longueur de conjugaison et augmente la résistance du film. L'application de signaux trapézoïdaux de courant ou de potentiel diminue l'influence de ces réactions et conduit à une conductivité assez élevée permettant la formation de films épais (100 µm).

L'électropolymérisation du bithiophène à la surface d'un métal tel que Pt, Al et Ti prétraité par des thiols a été étudiée par Mékhalif [54] et conduit à la formation de polythiophène. La structure des thiols aliphatiques ou avec un pôle aromatique influe sur la vitesse d'électropolymérisation des dérivés du thiophène et sur l'adhérence des films formés, les propriétés structurales et l'adhérence sont meilleurs dans le cas où le thiol comporte un noyau aromatique en bout de chaîne C$_6$H$_5$-(CH$_2$)$_n$-SH.

Il a été également montré qu'il était possible d'obtenir des films de polythiophène sur fer par oxydation anodique du thiophène ou du 3-méthylthiophène uniquement en milieu carbonate de propylène, et en présence du N(Bu)$_4$PF$_6$. La structure des films formés sur Fe est identique à celle du polymère obtenu sur Pt. La spectroscopie IR a confirmé que l'enchaînement des noyaux thiophènes se fait essentiellement en α-α', avec un degré de polymérisation d'environ 30 motifs [78].

Barsch et Beck [79] ont montré qu'il était possible de synthétiser du polythiophène sur du fer en milieu hydroorganique (H$_2$O + CH$_3$CN ou formamide) et en présence de

KNO$_3$ ou l'acide oxalique. Le polymère obtenu est sous forme d'un film homogène, adhérent au substrat et son épaisseur varie entre 0.1 et 3 µm.

Les meilleurs films de polythiophènes, du point de vue rendement de la réaction d'électropolymérisation et conductivité du polymère, ont été obtenus dans des solvants aprotiques anhydres possédant une constante diélectrique élevée et une faible nucléophilie, tels que l'acétonitrile [6,7,80,81], le benzonitrile [82], le nitrobenzène [83-86] et le carbonate de propylène [87,88].

Il a été montré par ailleurs que la présence de traces d'eau dans le milieu électrolytique était néfaste à la réaction d'électropolymérisation du thiophène, et pouvait être à l'origine l'incorporation de groupements carbonyles dans le polymère [89], affectant la longueur de conjugaison et la conductivité du matériau [90].

D'un point de vue applications industrielles, les dépôts en milieux aqueux sont plus intéressants en raison du problème de pollution moindre. La bibliographie sur ce point est peu développée. En effet, en milieu aqueux, le domaine de stabilité électrochimique de l'eau s'étend sur 1.23 V [91]. Il est limité cathodiquement par la réduction des protons.

$$2\,H^+ + 2\,e^- \longrightarrow H_2 \qquad\qquad (1)$$

et anodique par l'oxydation de l'eau.

$$2\,H_2O \longrightarrow O_2 + 4\,H^+ + 4\,e^- \qquad\qquad (2)$$

Cet intervalle de potentiel, relativement réduit, constitue un handicap pour l'électropolymérisation du thiophène. En milieu organique, l'électropolymérisation du thiophène se produit généralement à 1.8 V/ENH [7,87,88,92,93] et par suite, en milieu aqueux la cinétique de décomposition de l'eau contrôlera le processus électrochimique au détriment de la réaction d'électropolymérisation.

A toutes ces difficultés s'ajoute le fait que le thiophène et l'eau forment deux liquides non miscibles, qui implique que l'électropolymérisation dans ce cas devra se faire à partir d'émulsions, comme l'ont fait Czerwinski *et al.* [94] pour le 3-

méthylthiophène. Selon cette méthode la morphologie et la conductivité du matériau obtenu sont très différentes de celles généralement observées pour les films de poly (3-méthylthiophène) synthétisés dans des solvants organiques.

Ce type de difficultés a toutefois pu être résolu en passant par une étape chimique intermédiaire de formation d'oligomères de thiophène (α3T et α4T) solubles dans l'acide phosphorique concentré qui a permis à Dong *et al.* [95] d'électropolymériser le thiophène à des faibles valeurs de potentiel. Le polymère obtenu diffère toutefois du polythiophène standard obtenu en milieu organique par la présence de groupements carbonyles fixés sur les noyaux du thiophène.

Une solution différente a été proposée par Bidan *et al.* [96,97] qui par complexation du 3-méthylthiophène par les acides d'hétéropolyanions (HPA) ont pu obtenir des films de PMeT en milieu aqueux.

IV.3- Cas de la polyaniline (PANi)

La possibilité d'électrodéposer des films de PANi sur métaux oxydable a été envisagée dès les années 1980 par Mengoli *et al.* [98-100] qui ont montré que des films pouvaient être électrosynthétisé sur électrodes d'acier. Ces dépôt ne pouvait être réalisé qu'en milieu basique ou dans un mélange eau-méthanol et les films obtenus sont isolants et principalement constitués d'oligomères de l'aniline et d'azobenzène ($C_6H_5N=NC_6H_5$). Ils ont également montré que l'utilisation d'additifs inhibiteurs de corrosion tel que l'allylamine pouvait accroître l'efficacité de l'électropolymérisation de l'aniline.

En 1985, DeBerry [101] décrit pour la première fois le dépôt électrochimique de films de PANi sur des électrodes d'acier inoxydable en milieu acide perchlorique (pH 1). Le test de corrosion effectué dans une solution H_2SO_4 1M montre que la vitesse de l'acier inoxydable est diminuée 100 fois quand celui-ci est revêtu d'un film de PANi.

L'électrodéposition du PANi sur des électrodes de titane et nickel en milieu acide sulfurique a été réalisé par Geskin [102,103] il a montré qu'un revêtement de PANi adhérent et uniforme peut être obtenu en utilisant des impulsions de courant ou de potentiel pour le nickel ou un polissage adéquat pour le titane.

Un autre chemin d'élaboration chimique de PANi sur des substrats métalliques a été développé récemment. En immergeant les électrodes d'acier doux dans une solution préparée par dissolution du polymère en poudre dans un solvant organique tel que le m-crésol, des dépôts de PANi dotés de propriétés de protection anti-corrosion nettement améliorées ont été obtenus [104-106].

[1] H. Shirakawa, E.J. Louis, A.G. MacDiarmid, C.K. Chiang and A.J. Heeger, *J. Chem. Soc., Chem. Comm.* (1977) 578.

[2] R. Kaner and A.G. MacDiarmid, *Pour la Science*, Avril 1988.

[3] J. Heinze, *Topics in Current Chemistry*, *Springer Verlag*, **152** (1990) 1.

[4] K.K. Kanazawa, A.F. Diaz, R.H. Geiss, W.D. Gill, J.F. Kwak, J.A. Logan, J.F. Rabolt and G.B. Street, *J. Chem. Soc. Chem. Comm.*, (1979) 854.

[5] A.F. Diaz, K.K. Kanazawa and G.P. Gardini, *J. Chem. Soc. Chem. Comm.*, (1979) 635.

[6] A.F. Diaz, *Chem. Scripta*, **17** (1981) 142.

[7] G. Tourillon and F. Garnier, *J. Electroanal. Chem.*, **135** (1982) 173.

[8] A.F. Diaz and J.A. Logan, *J. Electroanal. Chem.*, **111** (1980) 111.

[9] A.G. MacDiarmid, J.C. Chiang, M. Halpern, H.S. Huang, S.L. Mu, N.L.D. Somasiri, W. Wu and S.I. Yaniger, *Mol. Cryst. Liq. Cryst.*, **121** (1985) 173.

[10] E.M. Genies, C. Tsintavis and A.A. Syed, *Mol. Cryst. Liq. Cryst.*, **121** (1985) 181.

[11] M. Delamar, P.C. Lacaze, J.Y. Dumousseau and J.E. Dubois, *Electrochim. Acta.*, **27** (1982) 61.

[12] I. Rubinstein, *J. Electrochem. Soc.*, **130** (1983) 1506.

[13] A.F. Diaz, R. Hernandez, R. Waltman, and J. Bargon, *J. Phys. Chem.*, **88** (1984) 3333.

[14] V. Meyer, *Chem. Ber.*, **16** (1883) 1465.

[15] W.Klatt and Z. Anorg, *Allgem. Chem.*, **232** (1937) 393.

[16] K. Fredenhargen, *Z. Phys. Chem.*, **164** (1933) 176.

[17] M. Armour and G. Davies. J. Upadhyay, and A. Wassermann, *J. Polym. Sci.*, **5** (1967) 1527.

[18] J. Bruce, F. Challenger, H.B. Gibson, and W.E. Allenby, *J. Inst. Pet.*, **34** (1948) 226.

[19] H.D. Hartough, *Thiophene and Derivatives, Interscience, New York*, (a) p. 165 (b) p. 132 (1952).

[20] A.V. Topchiev, Y. Y. Gol'dfarb, and B.A. Krentsel, *Vysokomol. Soedin.*, 3 (1961) 870.

[21] P. Kovacic and K.N. McFarland, *J. Polym. Sci., Polym. Chem. Cd.*, **17** (1979) 1963.

[22] D. Margosian and P. Kovacic, *J. Polym, Sci., Polym. Chem. Cd.*, **17** (1979) 3695.

[23] G. Kassmehl and G. Chatzitheodorou, Makromol. *Chem. Rap. Commun.*, **2** (1981) 551.

[24] T. Yamamoto, K. Sanechika, and A. Yamamoto, *J. Polym. Lett.*, **2** (1980) 551.

[25] J.Z. Hotz, P. Kovacic, and I.A. Khoury, *J. Polym. Chem.*, **21** (1983) 2617.

[26] G. Zotti and G. Schiavon, *J. Electroanal. Chem.*, **163** (1984) 365.

[27] G. Tourillon, *Polythiophene and its Derivatives (Handbook of Conducting Polymers)*.

[28] M. Sato, S. Tanaka, and K. Kaeriyama, *J. Chem. Commun.*, 873 (1986).

[29] A.O. Patil, Y. Ikenone, F. Wudl, and A.J. Heeger, *J. Am. Chem. Soc.*, **109** (1987) 1858.

[30] J.L. Brédas and G.B. Street, *Acc. Chem. Res.*, **18** (1985) 309.

[31] J.L.Brédas, B. Themans, J.G. Fripiat, J.M. André and R.R. Chance, *Phys. Rev.*, **29** (1984) 6761.

[32] J.L.Brédas, B. Themans, J.G. Fripiat, J.M. André and R.R. Chance, *Phys. Rev.*, **9** (1984) 265.

[33] M. Gazard, *Handbook of Conducting Polymers*, Ed. T.A. Skotheim, Marcel Dekker, New York, Vol. **1** (1986) 683.

[34] A.R. Kmetz and F.K. Von Willisen. *Non-Emissive Electrooptic Displays, Plenum, New York*, (1976).

[35] J.C. Dubois, G. Tourillon and F. Garnier, *Brevet Français,* n° 82 09 513 (1982).

[36] K. Kaneto, K. Yoshino and Y. Inuishi, *Jpn. J. Appl. Phys.*, **22** (1983) 567.

[37] R.J. Waltman, A.F. Diaz and J. Bargon, *J. Electrochem. Soc.*, **131** (1984) 740.

[38] J.L Brédas, R. Silbey, D.S. Bourdreaux and R.R. Chance, *J. Am. Chem. Soc.*, **105** (1983) 6555.

[39] S. Glenis, G. Hororwitz, G. Tourillon and F. Garnier, *Thin Solid Films*, **11** (1984) 93.

[40] R. Noufi, A.J. Frank and J. Nozik, *J. Am. Chem. Soc.*, **103** (1981) 1849.

[41] T. Skotheim, I. Lundstrom and J. Prezja, *J. Electrochem. Soc.*, **128** (1981) 1625.

[42] F.R.F. Fau, B.L. Wheeler and A.J. Bard, *J. Electrochem. Soc.*, **128** (1981) 2042.

[43] T. Skotheim, L.G. Peterson, O. Inganas and I. Lundstrom, *J. Electrochem. Soc.*, **129** (1982) 1737.

[44] G. Tourillon and F. Garnier, *J. Phys. Chem.*, **88** (1984) 5281.

[45] A. Tsumura, H. Koezuka and T. Ando, *Synth. Met.*, **25** (1988) 11.

[46] A. Assadi, C. Svensson, M. Willander and O. Inganas, *Appl. Phys. Lett.*, **53** (1988) 195.

[47] G. Horowitz, D. Fichou, X. Peng and F. Garnier, *solid State Commun.*, **72** (1989) 381.

[48] G. Horowitz, X. Peng, D. Fichou and F. Garnier, *J. Appl. Phys.*, **67** (1990) 528.

[49] F. Garnier, G. Horowitz, X. Peng and D. Fichou, *Adv. Mater.*, **2** (1990) 592.

[50] J.H. Burroughes, C.A. Jones and R.H. Friend, *Nature*, **335** (1988) 137.

[51] S.M. Sze, *Physics of Semiconductor Devies, Wiley, New York*, (1969).

[52] G.W. Neudeck, A.K. Malhotra, *Solid State Electron*, **19** (1976) 721.

[53] Z. Deng, W.H. Smyl and H.S. White, *J. Electrochem. Soc.*, **136** (1989) 2152.

[54] Mékhalif, Thèse de Doctorat, Université Paris 6-Pierre et Marie Curie, (1994).

[55] J. Prejza, I. Landstrom and T. Skotheim, *J. Electrochem. Soc.*, **129** (1982) 1682.

[56] K.M. Cheung, D. Bloor and G.C. Stevens, *Polymer*, **29** (1988) 1709.

[57] W. Janssen and F.Beck, *Polymer*, **30** (1989) 353.

[58] Shirmeisen and F. Beck, *J. Appl. Electrochem.*, **19** (1989) 401.

[59] F. Beck and P, Hüsler, *J. Electroanal. Chem.*, **280** (1990) 159.

[60] P. Hüsler and F. Beck, *J. Appl. Electrochem.*, **20** (1990) 596.

[61] F. Beck and R. Michaelis, *J. Coating technology*, **64** (1992) 59.

[62] C.A. Ferreira, S. Aeiyach, M. Delamar and P.C. Lacaze, *J. Electroanal Chem.*, **284** (1990) 351.

[63] C.A. Ferreira, S. Aeiyach, M. Delamar and P.C. Lacaze, *Surf. Interf. anal.*, **20** (1993) 749

[64] B. Zaid, S. Aeiyach, P.C. Lacaze, *Synth. Met.*, **65** (1994) 27.

[65] J. Petitjean, S. Aeiyach, J.C. Lacroix, P.C. Lacaze *J. Electroanal. Chem.*, **478** (1999) 92.

[66] C.A. Ferreira, S. Aeiyach, J.J. Aaron and P.C. Lacaze, *J. Electrochim. Acta.*, **41** (1996) 1801.

[67] S. Aeiyach, B. Zaid and P.C. Lacaze, *Electrochim. Acta.*, **44** (1999) 2889.

[68] B. Zaïd, S. Aeiyach, H. Takenouti and P.C. Lacaze, *Electrochim. Acta.*, **43** (1998) 2331.

[69] C.A. Ferreira, B. Zaïd, S. Aeiyach and P.C. Lacaze in P.C. Lacaze (Ed.), *Organic Coatings, AIP Press, Woodbury, New York*, 1996. p. 159-165.

[70] C.A. Ferreira, S. Aeiyach, J.J. Aaron and P.C. Lacaze in P.C. Lacaze (Ed.), *Organic Coatings, AIP Press, Woodbury, New York*, 1996. p. 153-158.

[71] P.C. Lacaze, C.A. Ferreira, S. Aeiyach, J.J. Aaron, *Brevet Français*, PSA-Citroen n° 9214091 24/11/1992.

[72] P.C. Lacaze, C.A. Ferreira, S. Aeiyach, *Brevet Français*, PSA-Citroen **n° 9214092** 21/11/1992.

[73] S. Aeiyach, P.C. Lacaze, M. Hedayatullah, J. Petitjean, *Brevet Français*, Sollac
n° 9315385 21/12/1993.

[74] F. Beck, R. Michaelis, F. Schloten, B. Zinger, *Electrochim. Acta.* **39** (1994) 229.

[75] F. Beck, P. Hülser, R. Michaelis, *Bull. Electrochem.* **8** (1992) 35.

[76] S. Ren and D. Barkey, *J. Electrochem. Soc.*, **139** (1992) 1021.

[77] T.F. Otero, C. Santamaria, E. Angulo and J. Rodriguez, *Synth. Met.*, **55** (1993) 1574.

[78] S. Aeïyach, A. Koné, M. Dieng, J.J. Aeron and P.C. Lacaze, *J. Chem. Soc. Chem. Commun.*, (1991) 822.

[79] U. Barsch and F. Beck, *Synth. Met.*, **55** (1993) 1638.

[80] R.J. Waltman, J. Bargon and A.F. Diaz, *J. Phys. Chem.*, **87** (1983) 1459.

[81] G. Tourillon and F. Garnier, *J. Phys. Chem.*, **87** (1983) 2289.

[82] K. Kaneto, Y. Kohno, K. Yoshino and Y. Inuishi, *J. Chem. Soc. Chem. Commun.*, (1983) 382.

[83] J. Roncali and F. Garnier, New *J. Chem.*, **4** (1986) 237.

[84] S. Hotta, T. Hosaka and W. Shimotsuma, *Synth. Met.*, **6** (1983) 69.

[85] S. Hotta, T. Hosaka and W. Shimotsuma, *Synth. Met.*, **6** (1983) 317.

[86] S. Tanaka, M. Sato and K. Kaeriyama, *Makromol. Chem.*, **185** (1984) 1295.

[87] M. Sato, S. Tanaka and K. Kaeriyana, *J. Chem. Soc. Chem. Commun.*, (1985) 713.

[88]   M. Sato, S. Tanaka and K. Kaeriyana, *Synth, Met.*, **14** (1986) 279.

[89]   R. Turcu, O. Panà, I. Bratu and M. Bogdan, *J. Mol. Electron*, **6** (1990) 1.

[90]   D. Delabouglise, R. Garreau, M. Lemaire and J. Roncall, *New J. Chem.*, **12** (1988) 155.

[91]   G. Charlot, J. Badoz-Lambing and B. Trémillon, *Les Réactions Electrochimiques, Méthode Electrochimiques d'analyse*, Ed. Masson & Cie, Paris, (1959).

[92]   M. Gazard, J.C. Dubois, M. Champagne, F. Garnier and G. Tourillon, *J. de Physique, Colloque C3*, **44** (1983) 437.

[93]   M. Gazard, *Handbook of Conducting Polymers*, Ed. T.A. Skotheim, Marcel Dekker, New York, Vol. 1 (1986) 673.

[94]   A. Czerwinski, H. Zimmer, C.V. Pham and H.B. Mark, *J. Electrochem. Soc.*, **132** (1985) 2669.

[95]   S. Dong and W. Zhang, *Synth. Met.*, **30** (1989) 359.

[96]   G. Bidan, E.M. Geniès and M. Lapkowski, *Synth. Met.*, **31** (1989) 327.

[97]   M. Lapkowski, G. Bidan and M. Fournier, *Synth. Met.*, **41** (1991) 407.

[98]   G. Mengoli, M.T. Munari, P. Bianco and M.M. Musiani, *J. Appl. Polym. Sci.*, **26** (1981) 4247.

[99]   M.M. Musiani, G. Mengoli and F. Furlanetto, *J. Appl. Polym. Sci.*, **29** (1984) 4433.

[100] G. Mengoli, M.M. Musiani, B. Pelli and E. Vecchi, *J. Appl. Polym. Sci.*, **28** (1983) 1125.

[101] D.W. DeBerry, *J. Electrochem. Soc.*, **132** (1985) 1022.

[102] V.M. Geskin, *J. Chim. Phys.*, **89** (1992) 1215.

[103] V.M. Geskin, *J. Chim. Phys.*, **89** (1992) 1221.

[104] K.G. Thompson, C.J. Gryan, B.C. Benicewicz and D.A. Wrobleski, Los Alamos National Laboratory report LA-UR-92-360.

[105] B. Wessling, *Adv. Mater*, **6** (1994) 226.

[106] W.K. Lu, R.L. Elsenbaumer and B. Wessling, *Synth. Met.*, **71** (1995) 2163.

Chapitre II

Méthodologie et techniques expérimentales

A- ELECTROCHIMIE

I- Produits chimiques

I.1- Monomères

Les monomères utilisés dans ce travail {pyrrole (98%) et thiophène (+99%)} ont été procurés de chez Aldrich et ont été distillés sous argon avant utilisation.

I.2- Sels électrolytiques

La majorité des électrolytes supports utilisés en milieu organique sont des sels d'ammonium quaternaire; $N(Et)_4Tos$ (Aldrich), $N(Bu)_4ClO_4$ (Sigma), $N(Bu)_4PF_6$ (Aldrich, 98%), $LiClO_4$ (Aldrich,+95%). Tous les électrolytes supports ont été conservés à l'abri de l'humidité sous vide.

Nous avons également utilisé des électrolytes solubles en milieu aqueux tels que le tartrate de sodium $Na_2C_4O_6H_4$ (Merck, +99.5%) pour l'électrosynthèse et le sulfure de sodium Na_2S (Aldrich, +98%). pour le prétraitement des surfaces métalliques.

I.3- Solvants et solutions

Pour la préparation des solutions électrolytiques, nous avons utilisé divers solvants organiques tels que le dichlorométhane (Aldrich, 99.9%), le carbonate de propylène (Aldrich, 99%) le tetrahydrofuran (Aldrich, +99%), le nitrobenzène (Aldrich,+99%) et l'acétonitrile (Merck). L'eau a été également utilisée après distillation sur colonne de quartz.

Le dégraissage des électrodes a été effectué dans un bain composé de pyrophosphate de sodium 8 g/l, triethanolamine 1 g/l, carbonate de sodium 25 g/l, NaOH 33 g/l et métasilicate de sodium 20 g/l. à une température comprise entre 70 et 80°C pendant 15 minutes.

La solution destinée au test au brouillard salin a été préparéé selon la norme ASTM B117 par dissolution du sel NaCl 5 % en masse dans 100 l d'eau distillé.

II- Cellule électrochimique et électrodes

II.1- Cellule électrochimique

Dans les expériences d'électropolymérisation et d'études des comportements électrochimiques des électrodes dans divers milieux électrolytiques nous avons utilisé une cellule cylindrique à compartiment unique permettant d'accueillir la solution électrolytique et un système classique à trois électrodes.

II.2- Electrodes

Le montage électrochimique à trois électrodes comprend une électrode de travail, une électrode auxiliaire et une électrode de référence. La nature de ces trois électrodes varie selon les besoins expérimentaux.

II.2.1- Electrodes de travail

Comme électrode de travail, nous avons utilisé des plaques métalliques (4 x 2 cm^2) de Zn (pureté 98%). fer (98%), cuivre (97%), nickel (99%), laiton (60% Zn et 40% Cu), alliages de zinc (60% Zn, 15% Pb, 25% Ag) et (30% Zn, 60% Pb, 10% Ag) et acier galvanisé (130 g/m^2 en zinc). Les électrodes d'acier galvanisé destinées aux tests au brouillard salin ont une dimension de (6 x 4 cm^2).

Les alliages de zinc A et B sont préparés dans un four tubulaire Fischer model 79600 sous atmosphère d'argon. Les spectres de la diffraction des rayons X réalisés sur les électrodes d'alliages de Zn A et B sont présentés ci-dessous. Les phases identifiées sont Pb, PbO, Pb$_2$O, AgZn$_3$ et Ag$_5$Zn$_8$.

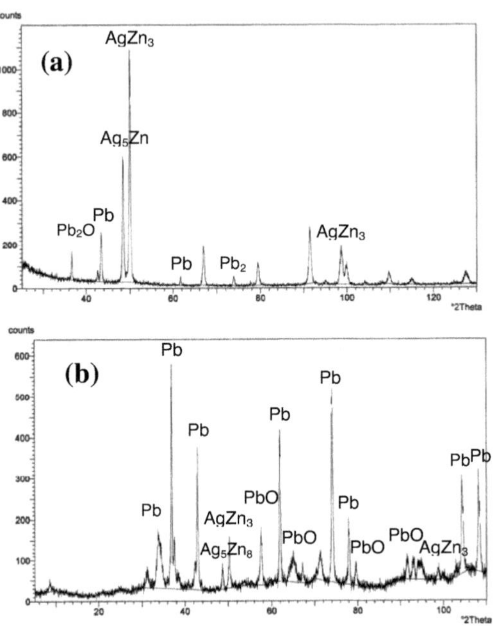

Spectres DRX réalisés sur électrodes d'alliages de zinc A (a) et de zinc B (b)

II.2.2- Electrodes auxiliaires

La contre électrode ou électrode auxiliaire est une plaque en acier inoxydable de 5×2.5 cm^2 de surface.

II.2.3- Electrodes de référence

Nous avons utilisé deux types d'électrodes comme références, une électrode au calomel saturée ECS (Tacussel) ou une électrode Ag/AgCl préparée en imposant une densité de courant de 0.5 mA.cm^{-2} à un fil d'argent dans une solution 0.5 M d'acide chlorhydrique pendant 2 heures, le fil d'argent ayant subit un décapage préalable à l'acide nitrique concentré pour améliorer l'adhérence de la couche de chlorure d'argent.

III- Appareillage électrochimique

Pour l'électrosynthèse des films de polymères ou l'étude des comportements électrochimiques des électrodes métalliques, nous nous sommes servis de deux models de potentiostats/galvanostats Autolab, PGSTAT20 et PGSTAT10 contrôlés par ordinateur à l'aide du logiciel GPES.

Pour préparer des échantillons de polypyrrole sur acier galvanisé destinés aux tests au brouillard salin nous nous sommes servis d'un générateur model Costech (Ref : A12B23HTS WOO) ; Fréquence 50/60 Hz et puissance 20/19 W. La gamme de tension est de 0 à 40 V et celle du courant de 0 à 60 A.

B- TECHNIQUES DE CARACTERISATION

I- Diffraction des rayons X (DRX)

Les analyses DRX ont été effectuées dans un diffractomètre constitué d'un goniomètre Philips PW-1820, équipé d'un monochromateur en graphite et d'un tube anode en cobalt utilisée avec une vitesse de balayage de $0.01°$ (2θ) s^{-1}.

II- Spectroscopie de photoélectrons X (XPS)

Les spectres XPS ont été obtenus en utilisant deux systèmes selon les disponibilités : Spectromètre Vacum Generators Microlab VG 310 F et VG Scientific Escalab 200 A muni d'une double source de rayons X (Mg K_α : 1253.6 eV et Al K_α : 1486.6 eV)

La source fonctionne en général à une puissance située entre 200 et 300 W. L'analyseur d'électrons est utilisé en mode énergie constante ; tous les électrons sont retardés avant analyse jusqu'à l'énergie choisie. En général, la valeur utilisée est 20 eV, ceci permet d'obtenir un bon compromis entre sensibilité et résolution en énergie. Pendant les analyses la pression résiduelle est de l'ordre de 5.10^{-9} mbar. L'aire analysée est de 10 mm^2 et la profondeur d'analyse est très faible, entre 2 et 5 nm.

Les spectres sont numérisés, additionnés, lissés et reconstruits en utilisant des composantes en forme de gaussiennes. Toutes les énergies de liaisons sur les spectres sont rapportées au carbone C 1s situé à 285 eV utilisé comme référence.

L'avantage de cette technique est que l'intensité du rayonnement est suffisamment faible pour que l'analyse puisse être considérée comme non destructive dans la plupart des cas.

III- Spectroscopie infra-rouge

Les analyses infra-rouge ont été réalisées à l'aide de deux spectromètres à transformée de Fourier, qui sont FTIR Perkin Elmer 1750 et FTIR Nicolet 60SX.

Les spectres infra-rouge ont été enregistrés par réflexion directe sur les films de polymères déposés sur les électrodes métalliques.

IV- Spectroscopie Raman

Les spectres Raman ont été enregistrés sur un spectromètre modulaire Dilor XY constitué d'un double monochromateur à réseaux fonctionnant en mode soustractif (*i.e*, sans dispersion) suivi d'un spectrographe et d'un système de détection multicanal. Le monochromateur soustractif sert à sélectionner une bande spectrale d'environ 700 cm^{-1} afin d'éliminer la raie Rayleigh très intense, et la dispersion est complétée par le spectrographe. Le système de détection est constitué d'une barrette de 1024 diodes intensifiées et refroidies par effet Peltier. L'avantage principal de la détection multicanal est de réduire le temps des balayages répétitifs et d'améliorer le rapport signal/bruit. En moyenne un spectre demande une vingtaine de cycles avec un temps de balayage par cycle de 2 s.

Nous avons utilisé comme sources d'excitation un laser argon ionisé Spectra Physics 165 (λ_e = 457.9, 488 et 514.5 nm), la puissance du laser mesurée à la sortie du tube laser est maintenue inférieure à 5 mW pour éviter la destruction des échantillons. Un filtre interférométrique (3 nm, FWHM, 70% transmission à 514.5 nm) a été placé en face de la lentille focalisante afin d'éliminer les raies du plasma d'argon. La lumière diffusée est collectée à 180° du faisceau incident (recto-Raman) et focalisée sur la fente d'entrée du spectromètre. Avec les fentes de 100 μm généralement utilisées, la largeur spectrale est d'environ 4 cm^{-1}.

V- Microscopie électronique à balayage (SEM)

Les images SEM ont été réalisées à l'aide d'un microscope électronique à balayage JEOL JSM-6301F. Un pinceau très fin d'électrons est focalisé sur une portion très petite de la surface ; l'image est formée à partir des électrons secondaires provenant d'une profondeur de 10 nm.

C- TEST AU BROUILLARD SALIN

Le test au brouillard salin est effectué dans une chambre de type ERICHSEN *Corrosion Test Instrument for Salt Spray Tests*, Model 606 (figure ci dessous) selon la norme ASTM caractérisée par les conditions physico-chimiques suivante:
- Solution 5% NaCl ($6.5 \leq pH \leq 7.2$)
- Pression 1bar
- Température: 35°C

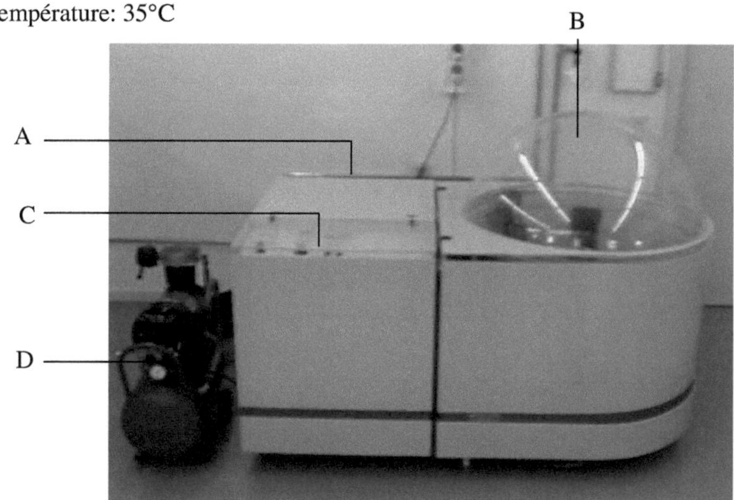

Dispositif utilisé dans les tests au brouillard salin

La solution saline est introduite dans le réservoir (A). La création du brouillard salin se fait à l'intérieur du réacteur (B) où sont maintenus les échantillons. Le contrôle des conditions opératoires s'effectue sur l'unité de contrôle (C). La pression est établie à l'aide d'une pompe MAHLE DRUCKLUFT (D) fonctionnant à une puissance de 1.1 KW et une fréquence de 1420 tours/min.

D- DIVERS

Les expériences réalisées sous ultrasons ont été effectuées dans Ultrasons-H Selecta avec une fréquence de 40 KHz.

Les résultats du test d'adhérence ont été estimés en utilisant le ruban adhésif normalisé TESA-4204 BDF.

Chapitre III

Electropolymérisation du pyrrole sur zinc et alliages de zinc en milieux organiques

I- Introduction

L'électrodéposition des polymères conducteurs par oxydation électrochimique des monomères hétérocycliques ou aromatiques a été largement étudiée durant ces vingt dernières années [1-8]. En général, l'électropolymérisation est réalisée sur des métaux nobles tels que le platine et l'or ou sur des matériaux inertes comme le carbone vitreux. La nature du métal qui constitue l'électrode de travail joue un rôle important dans le processus d'éctropolymérisation. En particulier, quand l'électrode de travail est constituée de métaux oxydables tels que le zinc ou le fer caractérisés par leurs potentiels d'oxydation bas. Dans ce cas la dissolution de l'électrode de travail peut se produire et inhiber la réaction d'électropolymérisation. Pour surmonter cet obstacle plusieurs techniques ont été rapportées [9-18], particulièrement dans le cas du zinc qui est utilisé à grande échelle dans la métallurgie et dans de nombreuses applications industrielles.

Ainsi, les premières tentatives d'électrosynthèse des polymères conducteurs à la surface de substrats oxydables ont été réalisées dans le cas du pyrrole qui se différencie des autres monomères hétérocycliques tels que le thiophène (E_{ox} = 1.6 V/ECS) [19,20] ou aromatiques comme le benzène (E_{ox} = 2 V/ECS) [19-24] par son potentiel d'oxydation relativement bas (E_{ox} = 0.7 V/ECS) [14-16,21,25-27].

Dans ce contexte, Ferreira *et al.* [28] ont montré qu'un traitement chimique ou électrochimique de l'électrode de zinc dans une solution 0.2 M de sulfure de sodium conduit à la formation d'une couche composée de sulfure de zinc et d'oxyde de zinc sur sa surface [29,30]. Cette couche formée ralentit considérablement la dissolution de l'électrode de travail et favorise la réaction d'électropolymérisation.

L'électropolymérisation du pyrrole sur électrodes de zinc a été également étudiée dans différents milieux organiques et aqueux [16]. Les auteurs ont conclu que la formation du PPy se faisait uniquement en milieu carbonate de propylène en présence de l'anion para toluène sulfonate (Tos⁻) comme électrolyte support et seulement quand l'électrode de travail est chimiquement ou électrochimiquement traitée par des hétéropolyanions tels que ($H_2W_{18}O_{56}F_6$) $H_8.9H_2O$, $P_2W_{18}O_{62}H_6.9H_2O$ et $PW_{12}O_{40}H_3$. Ils ont aussi mentionné qu'avec d'autres solvants organiques comme l'acétonitrile

(CH$_3$CN) l'éléctropolymerisation du pyrrole était impossible sur des plaques de Zn même si celles ci étaient préalablement traitées, et que la dissolution du métal se produisait immédiatement.

Dans ce chapitre, nous montrerons que des films de PPy peuvent être obtenus sur des électrodes de zinc et alliages de zinc dans des solvants organiques à caractères acide ou neutre selon le concept d'acidité de Gutmann [31]. Un tel résultat n'était possible que si l'électrode de travail était soumise à un traitement chimique de passivation préalable dans une solution aqueuse de Na$_2$S. L'adhérence et l'homogénéité du revêtement seront discutées et sa structure déterminée par plusieurs méthodes d'analyse spectroscopiques.

II- Electropolymérisation du pyrrole sur zinc et alliages de zinc en milieu organique

II.1- Rappel sur le concept d'acidité de Gutmann

Les solvants organiques peuvent être classés en fonction de leurs acidités définies par les nombres donneurs de Gutmann (DN) (Tableau I) ce nombre correspond à l'enthalpie (ΔH) de la réaction [31] :

$$S \;+\; SbCl_5 \xrightarrow{\;ClCH_2CH_2Cl\;} S.....SbCl_5$$

où S est le solvant étudié qui interagit avec SbCl$_5$ en milieu dichloroéthane pour donner un complexe. L'enthalpie (ΔH) de la réaction mesurée en Kcal mol^{-1} correspond au nombre donneur DN de l'échelle d'acidité de Gutmann. Dans le tableau I nous avons représenté les DN de quelques solvants organiques usuels. Les solvants les plus acides ont un DN faible, compris entre 2 et 10 [nitrométhane (CH$_3$NO$_2$), dichlorométhane (CH$_2$Cl$_2$), nitrobenzène (C$_6$H$_5$NO$_2$)] ; entre 10 et 20 on trouve l'acétonitrile (CH$_3$CN), le carbonate de propylène (PC) et le méthanol

(CH$_3$OH), que l'on peut considérer comme neutres, et au delà de 20 les solvants ont un caractère basique prononcé [tétrahydrofurane (THF), diméthylsulfoxyde (DMSO), diméthylformamide (DMF), héxaméthylphosphoramide (HMPA)].

Tableau I : Classement des solvants organiques selon leurs nombres donneurs de Gutmann

Solvant	DN	Caractère acido-basique
CH$_3$NO$_2$	2.7	
CH$_2$Cl$_2$	4	Acide
C$_6$H$_5$NO$_2$	8.1	
CH$_3$CN	14.1	
PC	15.1	Neutre
CH$_3$OH	19	
THF	20	
DMSO	29.8	
DMF	26.6	Basique
HMPA	38.8	

II.2- Comportements électrochimiques du zinc et des alliages de zinc dans différents solvants organiques

L'objectif fixé dans cette partie consiste à trouver les conditions adéquates permettant, par la suite, de réussir l'électropolymérisation du pyrrole sur le zinc et ses alliages qui représentent un impact économique considérable. Il faut toutefois mesurer la difficulté du problème en considérant que le pyrrole électropolymérise à un potentiel positif de l'ordre de 0.9 V/ENH alors que le Zn est oxydé à partir de − 0.76 V/ENH; ce qui conduit dans ce cas à un écart important de potentiel entre les deux systèmes rédox de plus de 1.5 V. La solution à ce problème revient donc à trouver les conditions expérimentales susceptibles de ralentir ou de bloquer le processus de dissolution anodique du substrat métallique sans empêcher la réaction d'électropolymérisation de se produire.

Le choix du solvant, la nature de l'électrolyte support ou encore le traitement de l'électrode sont autant de paramètres physico-chimiques sur lesquels on peut agir pour parvenir à déposer des films de polypyrrole adhérents sur les substrats zingués.

Dans le cas du polypyrrole, après quelques essais préliminaires il s'est avéré que le para-toluène sulfonate de tetraéthylammonium (N(Et)$_4$Tos) constituait le meilleur candidat à ce genre d'études. En effet, cet électrolyte support a été le plus souvent utilisé dans les travaux d'électropolymérisation du pyrrole sur des substrats nobles ou oxydables [16].

Partant de ce constat, nous avons entrepris d'évaluer l'influence de la nature du solvant sur le comportement électrochimique du zinc et d'alliage de zinc A (65% Zn - 10% Pb- 25% Ag) et alliage de zinc B (30% Zn - 60% Pb - 10% Ag) dans divers solvants organiques en présence du N(Et)$_4$Tos comme sel de fond.

Le choix des alliages de zinc A et B a pour but d'analyser l'influence de la variation du pourcentage en zinc constituant l'alliage sur le comportement électrochimique et l'adhérence des revêtements de polypyrrole aux électrodes zinguées.

Par ailleurs, il faut signaler aussi que ces alliages (Zn-Pb-Ag) sont utilisés dans le processus pyrométallurgique industriel de raffinage du plomb. La préparation et l'analyse des phases de ces alliages sont présentées dans l'annexe.

L'effet du traitement de surface sera également abordé en utilisant deux types d'électrodes pour chaque métal ou alliage :

   i) Electrode polie mécaniquement au papier abrasif 1200, rincée à l'acétone dans une cuve à ultrasons puis séchée.

   ii) Electrode polie mécaniquement au papier abrasif 1200, rincée à l'acétone sous ultrasons, séchée et immergée pendant 12 heures dans une solution aqueuse de sulfure de sodium Na$_2$S 0.2 M.

II.2.1- *Milieu acétonitrole (CH₃CN)*

La courbe voltampérométrique du Zn sans prétraitement polarisé en milieu CH_3CN en présence de $N(Et)_4Tos$ 0.1 M comme sel de fond (Fig. 1a) fait apparaître une vague d'oxydation qui commence à partir de –0.3 V ; le premier cycle atteint une densité de courant relativement élevé d'environ 40 mA cm^{-2} à 1.3 V/ECS. Au cours des balayages cycliques qui suivent la densité de courant diminue remarquablement avec la succession des cycles. Une diffusion d'un composé blanc de l'électrode vers la solution est observée et un dépôt blanc se forme à la surface de l'électrode de zinc. La chute de courant observée avec l'augmentation du nombre de balayages cycliques de potentiel traduit un phénomène de passivation de l'électrode de travail par la couche blanche d'oxyde qui se dépose à sa surface.

La même expérience a été reproduite en utilisant une électrode de Zn préalablement traité par immersion dans une solution Na_2S 0.2 M pendant 12 heures. Contrairement au premier cas, on observe une légère activation de l'électrode prétraitée (Fig. 1b), mais la densité de courant ne dépasse pas 10 mA cm^{-2} et reste inférieure aux valeurs enregistrées dans le cas d'une électrode de Zn n'ayant subit qu'un polissage mécanique.

Sur la figure 2, nous avons superposé le premier cycle obtenue dans le même milieu organique (CH_3CN + $N(Et)_4Tos$ 0.1 M) sur deux plaques de Zn sans (Fig. 2a) et avec (Fig. 2b) prétraitement au sulfure de sodium. Contrairement au premier cas, l'électrode prétraitée ne se couvre pas de la couche d'oxyde blanc. L'analyse XPS du signal du soufre S 2p et l'oxygène O 1s de l'électrode de zinc prétraitée révèle la présence d'un doublet S 2p à (161.7, 162.9 eV) caractéristique des sulfures de zinc ZnS [18,29,32,33], et un pic O 1s à 532.0 eV attribué aux oxydes de zinc ZnO et hydroxydes de Zn ($Zn(OH)_2$) [18,30,32,33], en accord avec les résultats rapportés par Ferreira *et al.* [28] dans le cas du zinc et l'acier galvanisé.

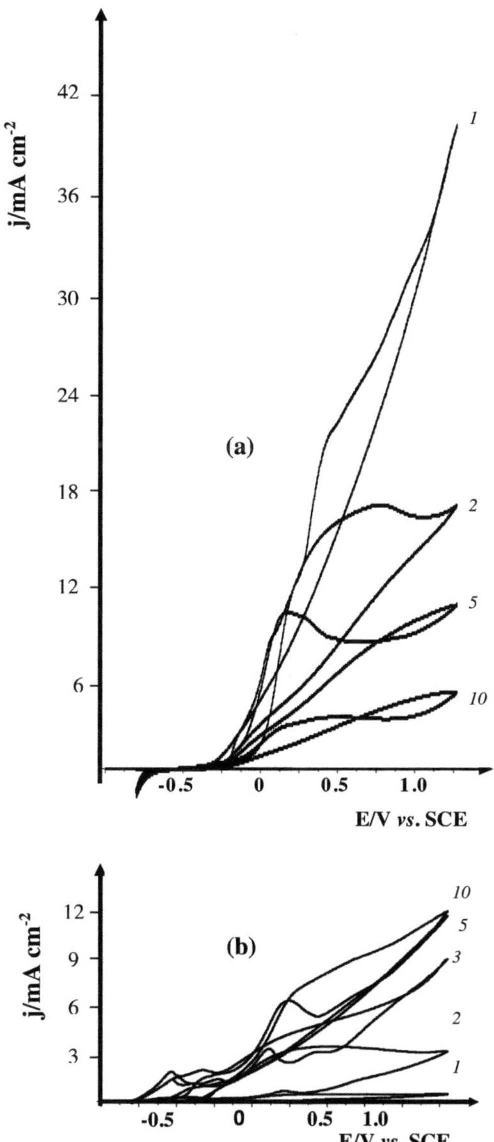

Figure 1 : Courbes voltammétriques j-E obtenues sur électrodes de zinc en milieu CH_3CN + $N(Et)_4Tos$ 0.1 M, a) électrode de Zn polie mécaniquement, b) électrode de Zn polie mécaniquement et traitée avec Na_2S pendant 12 heures. Vitesse de balayage V_b = 100 mV s^{-1}.

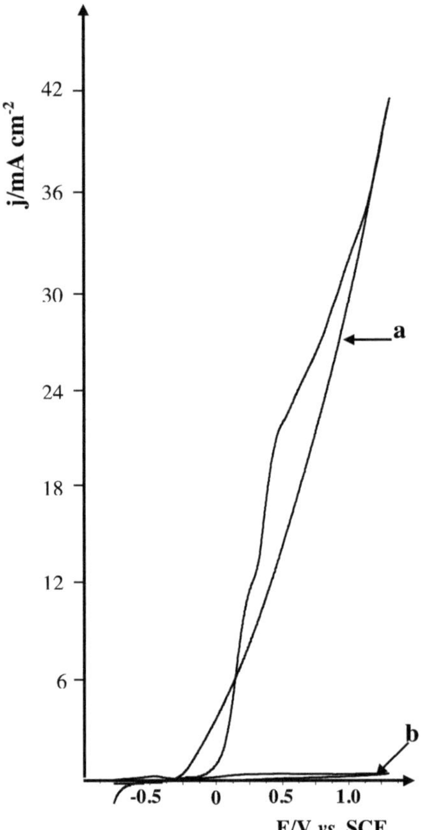

Figure 2 : Premiers cycles des Courbes voltammétriques j-E enregistrées sur électrodes de zinc en milieu CH_3CN + $N(Et)_4Tos$ 0.1 M, a) électrode de Zn polie mécaniquement, b) électrode de Zn polie mécaniquement et traitée avec Na_2S pendant 12 heures. Vitesse de balayage V_b = 100 mV s^{-1}.

En comparaison avec des électrodes de platine (Fig. 3a) et d'or (Fig. 3b) polarisées en milieu CH_3CN en présence de 0.1 M $N(Et)_4Tos$ on peut attribuer les vagues d'oxydation observées sur les courbes i-E des figures 1a et 1b à l'oxydation du zinc ces vagues sont plus complexes dans le deuxième cas à cause de la couche de sulfure formée à la surface de l'électrode.

Lorsque l'électrode de travail est constituée de l'alliage de zinc A ou B les voltammogrammes enregistrés en milieu $\{CH_3CN + N(Et)_4Tos\ 0.1\ M\}$ sont complexes et difficilement interprétables (Fig. 4).

Dans le cas de l'alliage du zinc A sans prétraitement (Fig. $4a_1$) un pic d'oxydation situé vers 1 V/ECS apparaît lors du premier balayage de potentiel et l'allure générale des voltammogrammes est semblable à celle observée dans le cas du zinc (Fig. 1). A partir du second cycle deux pics anodiques localisés aux environs de –0.2 et 0.3 V/ECS sont observés. La densité de courant diminue avec la succession des balayages cycliques et peut être interprétée par la formation d'une couche blanche d'oxyde à la surface de l'électrode résultant sans doute de la corrosion du zinc qui entre dans la constitution de l'alliage.

Il faut noter que les potentiels d'oxydation des métaux constituants les alliages sont en général supérieurs aux potentiels d'oxydation des métaux simples qui les constituent à cause des liaisons existantes entre ces éléments.

Après un prétraitement de la surface de l'alliage de zinc A par la solution de sulfure de sodium, le pic observé vers –0.2 V disparaît. La densité de courant enregistrée est relativement faible malgré sa croissance au cours des balayages successifs de potentiel due à une légère activation à l'électrode (Fig. $4b_1$).

Enfin, la polarisation en milieu $\{CH_3CN + N(Et)_4Tos\ 0.1\ M\}$ de l'alliage de zinc B sans prétraitement révèle un comportement analogue à celui de l'alliage de zinc A avec un léger déplacement des deux pics d'oxydation vers les potentiel les plus positifs à cause de la différence de constitution des deux alliages (Fig. $4a_2$). Tandis que les voltammogrammes de polarisation enregistrés après modification de la surface de l'alliage par la couche de sulfures sont plus complexe (Fig. $4b_2$).

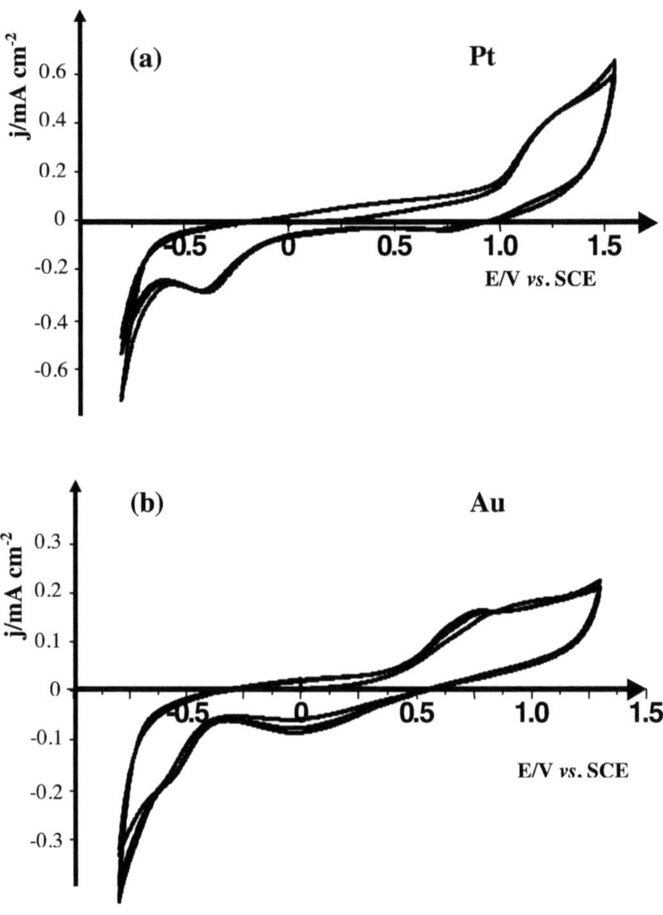

Figure 3 : Courbes voltammétriques j-E obtenues en milieu acétonitrile + N(Et)$_4$Tos 0.1 M, sur électrodes de platine (a) et d'or (b). Vitesse de balayage V$_b$ = 100 mV cm^{-2}

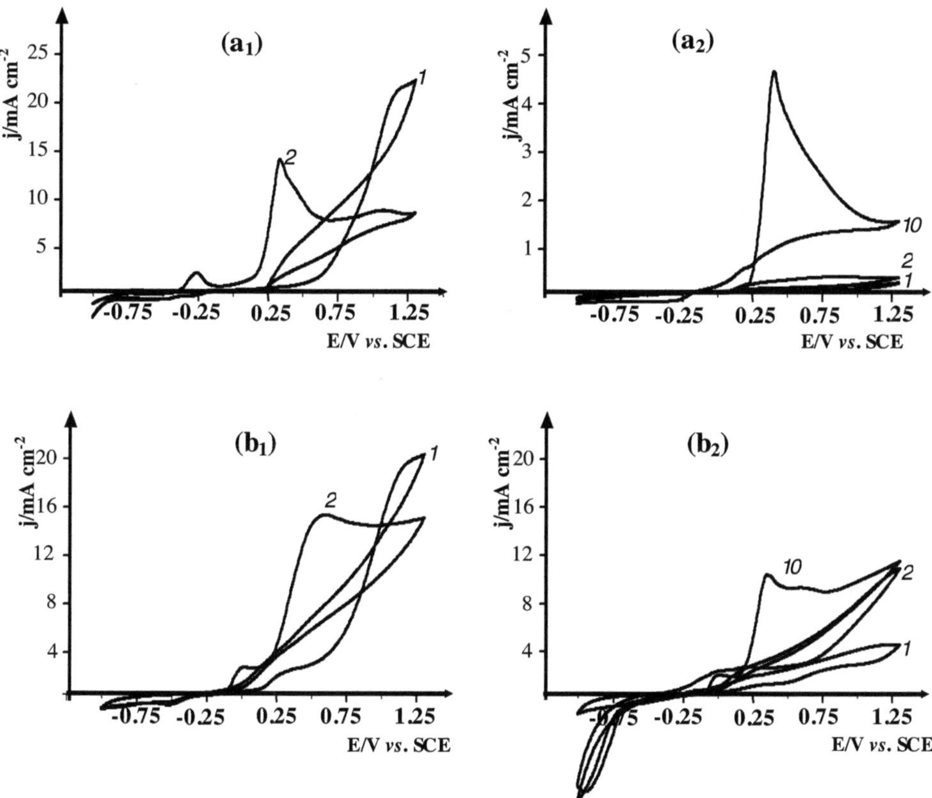

Figure 4 : Courbes voltammétriques j-E obtenues en milieu CH_3CN + $N(Et)_4Tos$ 0.1M, sur électrodes d'alliage de zinc A (a_1,b_1) et électrodes d'alliage de zinc B (a_2,b_2). (a_1,a_2) électrodes polies mécaniquement, (b_1,b_2) électrodes polies mécaniquement et traitées avec Na_2S pendant 12 heures. Vitesse de balayage V_b = 100 mV.s^{-1}.

II.2.2- Milieu carbonate de propylène (PC)

En polarisant l'électrode de zinc sans prétraitement (Fig. 5a) entre –0.8 V et 1.3 V en milieu carbonate de propylène en présence de $N(Et)_4Tos$ 0.1 M on observe une vague d'oxydation vers 0.5 V au premier balayage et –0.25 V aux balayages suivants. Une chute de courant a lieu avec la succession des balayages de potentiel et l'électrode est passivée par formation d'une couche d'oxydes à la surface de l'électrode. Par contre, dans le cas d'une électrode de zinc prétraitée par Na_2S 0.2 M polarisée dans le même milieu avec les même conditions (Fig. 5b) un pic d'oxydation bien défini, suivie d'une zone de passivation dans laquelle la densité de courant est faible. Ce pic, observé également sur l'électrode de zinc sans prétraitement et absent sur les voltammogrammes enregistrés sur Pt (Fig. 5c), pourrait correspondre à l'oxydation du zinc malgré la présence de la couche de sulfure de zinc à sa surface.

La polarisation des alliages de zinc A et B en milieu {carbonate de propylène + $N(Et)_4Tos$ 0.1 M } (Fig. 6) montre un comportement relativement semblable à celui enregistré dans le cas de {CH_3CN + $N(Et)_4Tos$ 0.1 M }.Les densités de courant observées sont dans ce cas moins importantes que celles enregistrées dans le cas de l'acétonitrile. Et cela est dû sans doute à la différence des nombres donneurs DN associés aux deux solvants.

Les courbes i = f(E) d'une électrode non traité d'alliage de zinc A révèle la présence de deux pics vers –0.25 V et 0.75 V (Fig. $6a_1$). Un film blanc se forme à la surface de l'électrode. Ce dépôt d'oxydes n'est pas observé lorsque l'électrode est traitée à Na_2S 0.2 M (Fig. $6b_1$) et polarisée dans les mêmes conditions ; ce qui montre que la couche de sulfures formée à surface diminue considérablement la dissolution de l'électrode.

Enfin, les courbes voltampérométriques d'une électrode d'alliage de zinc B avec ou sans prétraitement (Fig. $6b_2$) et (Fig. $6a_2$) sont analogues et un seul pic anodique est observé sur les deux courbes accompagné de la diffusion d'un composé blanc de l'électrode vers la solution.

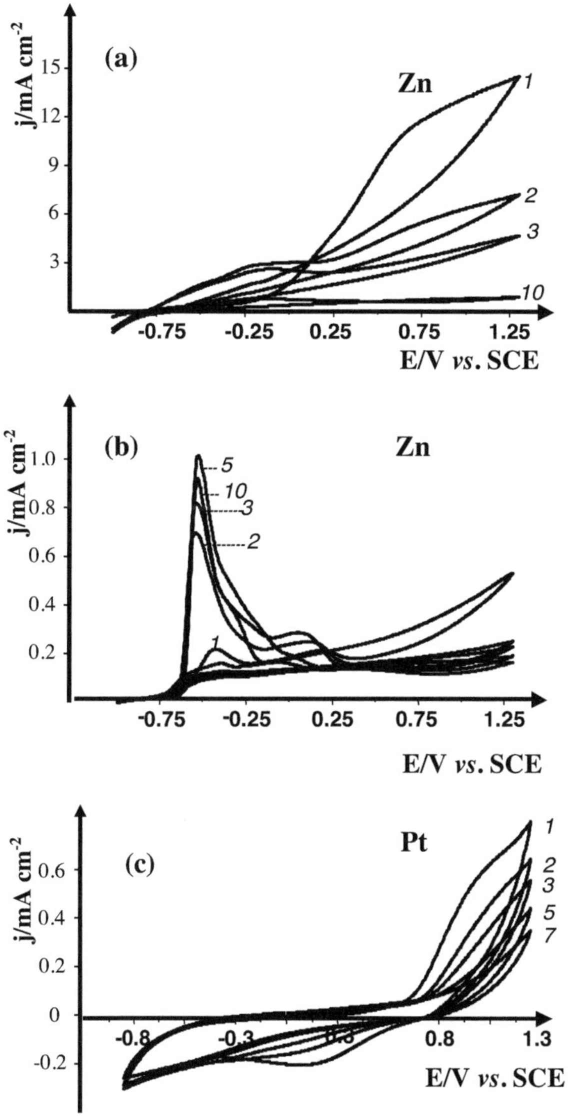

Figure 5 : Courbes voltammétriques j-E obtenues en milieu carbonate de propylène + N(Et)$_4$Tos 0.1M, sur électrode de zinc polie mécaniquement (a), sur électrode de zinc polie mécaniquement et traitée avec Na$_2$S pendant 12 heures (b) et sur électrode de platine (c).
Vitesse de balayage V$_b$ = 100 mV.s^{-1}.

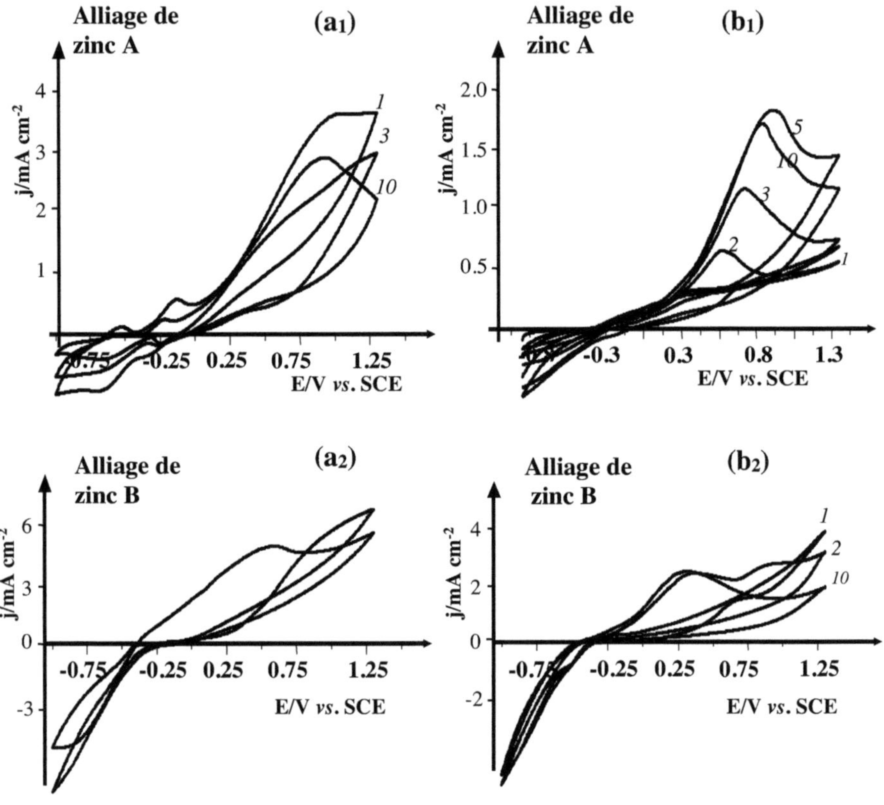

Figure 6 : Courbes voltammétriques j-E obtenues en milieu carbonate de propylène+ N(Et)$_4$Tos 0.1M sur électrodes d'alliages de zinc A (a$_1$,b$_1$) et B (a$_2$,b$_2$). (a$_1$,a$_2$) électrodes polies mécaniquement, (b$_1$,b$_2$) électrodes polies mécaniquement et traitées avec Na$_2$S pendant 12 heures. Vitesse de balayage V$_b$ = 100 mV.s^{-1}.

II.2.3- *Milieu nitrobenzène ($C_6H_5NO_2$)*

Nous avons enregistré les courbes intensité-potentiel du zinc prétraité dans le milieu {$C_6H_5NO_2$ + N(Et)$_4$Tos 0.1 M } (Fig. 7a), aucun pic n'est observé lors du premier cycle caractérisé par une montée continue du courant. Le deuxième cycle fait apparaître deux pics d'oxydation. Un premier pic vers –0.3 V et qui disparaît dans les cycles qui suivent est attribué à l'oxydation du zinc et un deuxième vers 0.5 V observé également dans le cas d'une électrode de platine polarisée dans les mêmes conditions (Fig. 7b) provient probablement d'un phénomène d'adsorption ou d'oxydation du solvant ou de l'électrolyte support.

Les courbes i = f(E) d'une électrode d'alliage de zinc A prétraitée polarisée en milieu nitrobenzène (Fig. 7c) révèle la présence de deux pics d'oxydations vers –0.1 V et 0.5 V le premier peut être attribué à l'oxydation du zinc présent dans l'alliage, par analogie avec une électrode de zinc polarisée dans les mêmes conditions. En effet, une couche blanche caractéristique des oxydes de zinc se dépose à la surface de l'électrode. Le second pic est attribué, comme nous l'avons vu dans le cas des électrodes de Zn et de Pt, à l'un des constituants du milieu électrolytique (Solvant, électrolyte support)

Enfin, le balayage cyclique du potentiel en milieu {$C_6H_5NO_2$ + N(Et)$_4$Tos 0.1 M}sur une électrode d'alliage de zinc B prétraitée aux sulfure de sodium s'accompagne de la diffusion dans la solution via l'électrode, d'une coloration blanche caractéristique d'une légère dissolution de l'alliage (Fig. 7d).

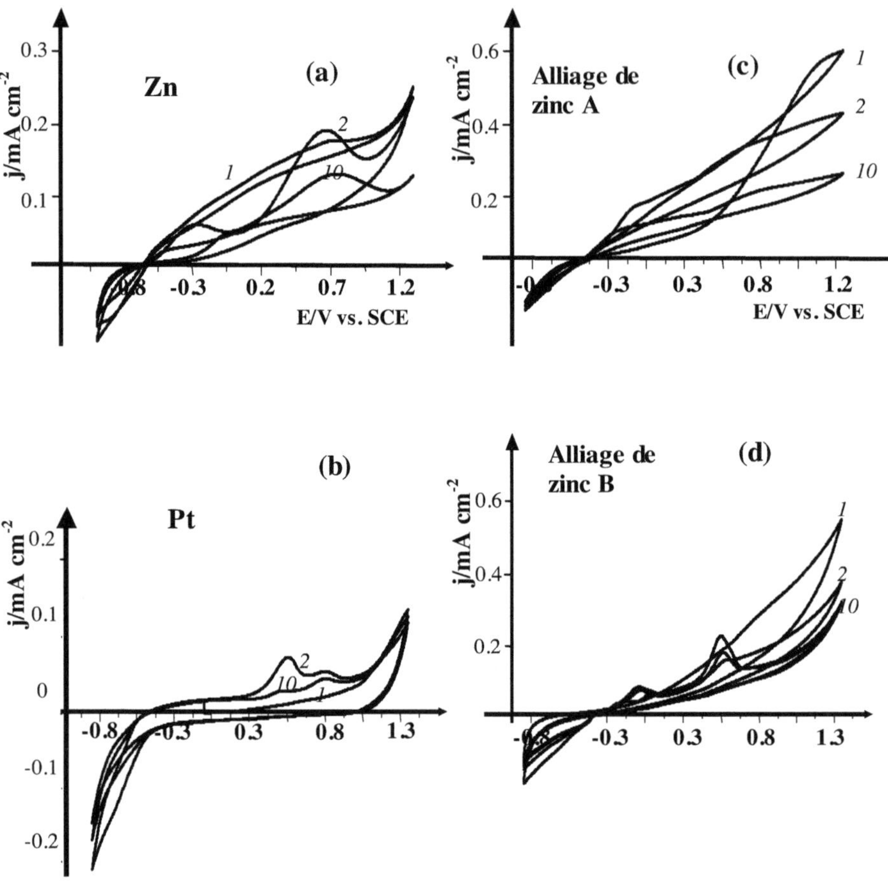

Figure 7 : Courbes voltammétriques j-E obtenues en milieu nitrobenzène + N(Et)₄Tos 0.1M, sur électrode de platine (b) et sur substrats zingués traités avec Na₂S pendant 12 heures. (a) électrode de zinc, (c) électrode d'alliage de zinc A et (d) électrode d'alliage de zinc B. Vitesse de balayage V_b = 100 mV.s⁻¹.

II-3 Influence de la nature des constituants du milieu électrolytique sur la réaction d'électropolymérisation du pyrrole sur Zn et alliages de Zn

L'électropolymérisation du pyrrole a été tentée sur des électrodes de zinc et d'alliages de zinc A et B, dans des solvants organiques caractérisés par des nombres donneurs de Gutmann (DN) différents, en présence d'une concentration de 0.1 M de divers électrolytes supports et de pyrrole 0.3 M. L'influence de ces constituants du milieu électrolytique sur la formation de films de polypyrrole sur les substrats métalliques précités est montrée sur le tableau II. L'effet du traitement de surface des électrodes est également mis en évidence sur le même tableau.

En analysant les données de ce tableau il ressort que l'électropolymérisation du pyrrole sur zinc et alliage de zinc et la *qualité* du film de polypyrrole obtenu (homogénéité, adhérence, épaisseur,....) dépendent étroitement des conditions d'électrolyse, du choix des constituants du milieu électrolytique et du prétraitement infligé à l'électrode de travail. La technique d'électrosynthèse adoptée (modes potentiodynamique, galvanostatique ou potentiostatique) joue également un rôle dans ce processus.

Par ailleurs, il s'avère que le para-toluène sulfonate de tetraethyl ammonium est le seul parmi les électrolytes supports essayés qui favorise la réaction d'électropolymérisation, particulièrement dans l'acétonitrile, le carbonate de propylène et le nitrobenzène. Ce fait justifie notre choix précédent de ces trois solvants pour étudier le comportement électrochimique des substrats zingués en présence de $N(Et)_4Tos$.

Dans ce qui suit, nous présenterons une étude systématique sur l'électropolymérisation du pyrrole sur des électrodes de zinc et alliages de zinc en utilisant les techniques potentiodynamique, galvanostatique, et potentiostatique de synthèse.

Tableau II: Effet du sel et du solvant sur la réaction d'électropolymérisation du pyrrole sur zinc et alliages de zinc.

Solvants	Sels	Zinc		Alliage de zinc A		Alliage de zinc B	
		SP	AP	SP	AP	SP	AP
CH₃CN	Li ClO₄	N	N	N	N	N	N
	N(Bu)₄PF₆	N	N	N	N	N	N
	N(Et)₄Tos	**O**	**O**	**O**	**O**	**O**	**O**
	N(Bu)₄ClO₄	N	N	N	N	N	N
PC	Li ClO₄	N	N	N	N	N	N
	N(Bu)₄PF₆	N	N	N	N	N	N
	N(Et)₄Tos	N	**O**	**O**	**O**	N	N
	N(Bu)₄ClO₄	N	N	N	N	N	N
NO₂C₆H₅	Li ClO₄	-	-	-	-	-	-
	N(Bu)₄PF₆	N	N	N	N	N	N
	N(Et)₄Tos	N	**O**	N	**O**	N	**O**
	N(Bu)₄ClO₄	N	N	N	**O**	N	N
CH₂Cl₂	Li ClO₄	-	-	-	-	-	-
	N(Bu)₄PF₆	N	N	N	N	N	N
	N(Et)₄Tos	N	N	N	**O**	N	N
	N(Bu)₄ClO₄	N	N	N	N	N	N
THF	Li ClO₄	N	N	N	N	N	N
	N(Bu)₄PF₆	N	N	N	N	N	N
	N(Et)₄Tos	-	-	-	-	-	-
	N(Bu)₄ClO₄	N	N	N	N	N	N

SP (sans prétraitement) : polissage mécanique au papier abrasif 1200.
AP (avec prétraitement) : polissage mécanique au papier abrasif 1200 puis immersion dans une solution aqueuse de Na₂S 0.2M pendant 12 heures.
O : Formation d'un film de polypyrrole.
N : Pas de formation de film de polypyrrole.

II.3.1- Voltammetrie cyclique

a) Milieu acétonitrile

La figure 8 présente les courbes voltampérometriques d'électropolymérisation du pyrrole en milieu {CH_3CN + $N(Et)_4Tos$ 0.1 M + pyrrole 0.3 M} sur électrodes de Zn sans (Fig. 8a) et avec (Fig. 8b) prétraitement à Na_2S 0.2 M, et à titre comparatif nous avons enregistré les courbes i-E sur électrode de platine dans le même milieu électrolytique (Fig. 8c). L'allure du voltammogramme durant le premier balayage cyclique de potentiel entre –1 et 1.3 V (Fig. 8a) dans le cas d'une électrode de zinc sans prétraitement est semblable à celui observé en absence du monomère. Il se compose, en particulier, d'un pic d'oxydation vers –0.3 V/ECS, suivi d'une augmentation rapide du courant vers 0.7 V correspondant à l'oxydation du pyrrole.

Ce comportement montre la compétition entre la réaction d'électropolymérisation et l'oxydation de l'électrode. Le processus électrochimique commence au premier balayage par une oxydation de la surface de l'électrode de zinc, accompagnée de la formation d'un film de PPy composé en majorité d'oxydes de zinc d'après les résultats des analyses XPS. Avec la succession des balayages cycliques de potentiel le comportement électrochimique de l'électrode change complètement et devient totalement différent de celui obtenu en absence du pyrrole. Deux pics anodique et cathodique situés à 0.5 V et –0.65 V respectivement et dont l'intensité croit avec le nombre de cycles de potentiel sont attribués à l'oxydation et à la réduction du film de polymère qui croit à la surface de l'électrode de travail. Les films obtenus dans ces conditions sont faiblement adhérents.

D'autre part, quand l'électrode subit un traitement préalable à Na_2S 0.2 M, la surface de l'électrode est stabilisée par la couche de passivation ZnS et la dissolution de l'électrode est inhibée (Fig. 8b). Les pics d'oxydation et de réduction du polypyrrole formé sur le Zn sont bien résolus et augmentent progressivement en raison de l'épaississement du film. La courbe i-E enregistrée dans ce cas est comparable à celle obtenue dans le même milieu électrolytique

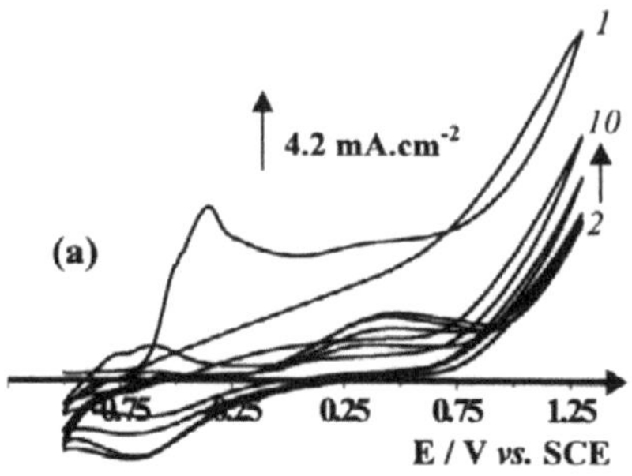

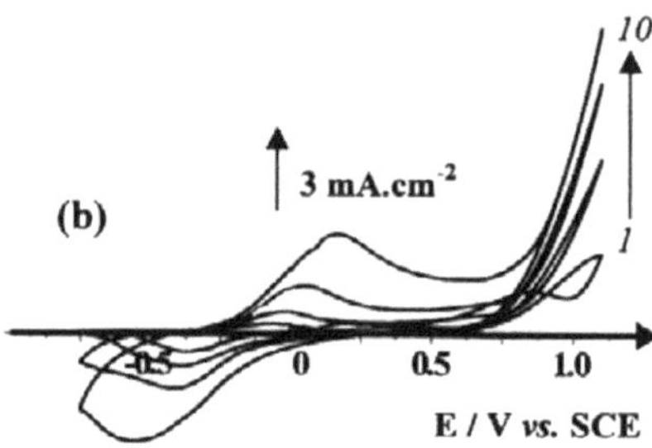

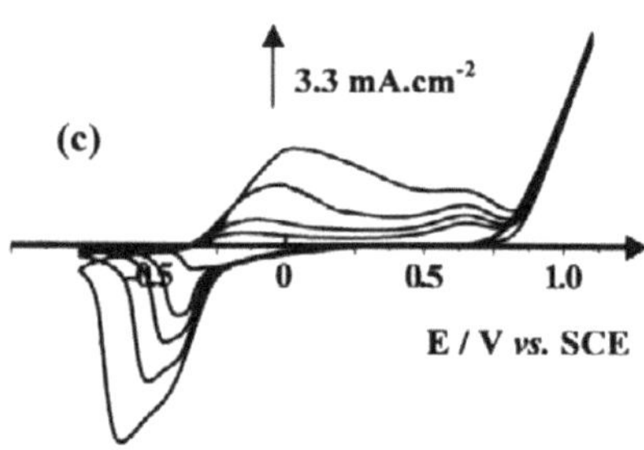

Figure 8 : Courbes voltammétriques j-E obtenues en milieu CH_3CN + $N(Et)_4Tos$ 0.1M + Pyrrole 0.3M : a) sur électrode de zinc polie mécaniquement, b) sur électrode de zinc polie mécaniquement et traitée par Na_2S pendant 12 heures et c) sur électrode de platine. Vitesse de balayage V_b = 100 mV.s^{-1}.

sur une électrode de platine (Fig. 8c) et le film formé sur le zinc prétraité est plus homogène et très adhérent. Contrairement à l'électrode de zinc non prétraitée par du sulfure de sodium le film de polypyrrole formé sur une électrode d'alliage de zinc A non prétraitée est homogène et épais. Les courbes voltampérométriques enregistrées dans ce cas (Fig. 9a$_1$) présentent, en plus du mûr d'oxydation du monomère, deux pics anodique et cathodique dus à l'oxydation et à la réduction du polypyrrole. De la même manière après traitement dans une solution aqueuse de Na$_2$S 0.2 M l'électrode d'alliage de zinc A présente des voltammogrammes (Fig. 9b$_1$) semblables à ceux de l'électrode sans pretraitement. Un film très homogène et plus adhérent que celui obtenu dans le premier cas se forme sur l'électrode d'alliage déjà couverte d'une couche de sulfures et d'oxydes.

Le cas de l'alliage de zinc B est plus délicat. Un prétraitement à Na$_2$S 0.2 M est nécessaire pour favoriser la réaction d'électropolymérisation. Même après addition du monomère au milieu réactionnel, la réaction de dissolution de l'électrode de l'alliage de zinc B sans prétraitement l'importe sur celle d'oxydation du pyrrole. Les courbes i-E sont semblables à celles obtenues dans le même milieu en absence du monomère et aucun film de polypyrrole ne se forme à la surface de l'électrode. En outre un film inhomogène de polypyrrole se forme sur l'électrode après traitement au sulfure de sodium.

b) Milieu carbonate de propylène

Ce milieu a déjà été étudié dans la littérature [16] et a été considéré comme étant le milieu le plus favorable à l'électropolymérisation du pyrrole sur électrode de zinc ayant subit un traitement préalable avec des héteropolyanions ou des sulfures [16,18,28].

Le balayage cyclique du potentiel entre –0.8 V et 1.3 V en milieu {PC + N(Et)$_4$Tos + 0.3 M pyrrole}(Fig. 10) sur une électrode de zinc prétraitée (Fig. 10a) met en évidence un faible pic d'oxydation vers –0.4 V qui disparaît progressivement avec la succession des cycles pour être remplacé par les pics d'oxydation et de réduction du polymère. Les courbes i-E deviennent semblables aux voltammogrammes enregistrés dans les mêmes conditions avec une électrode de travail en Pt (Fig. 10b)

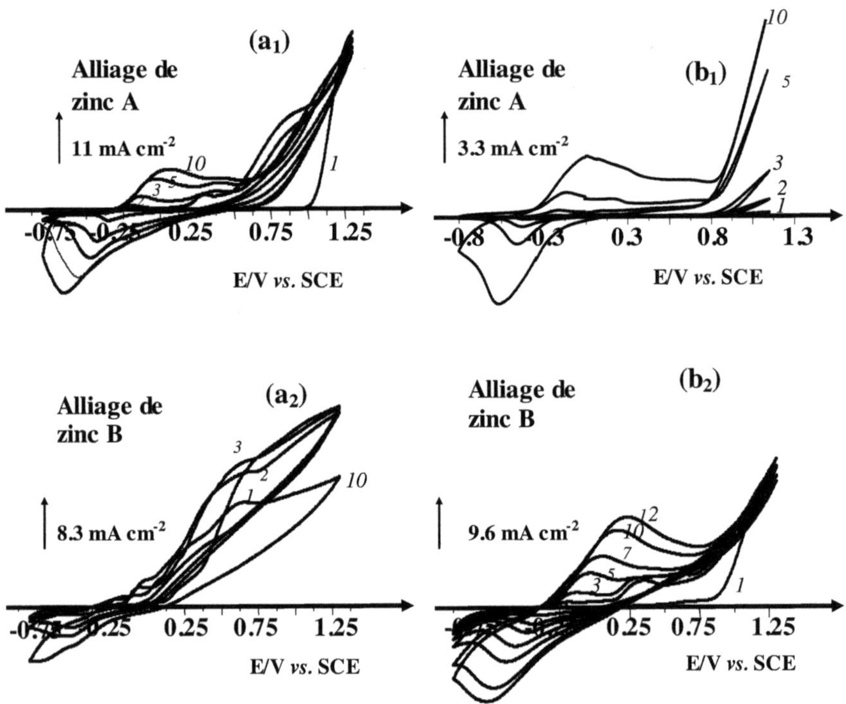

Figure 9 : Courbes voltammétriques j-E obtenues en milieu CH_3CN + $N(Et)_4Tos$ 0.1M + Pyrrole 0.3M : (a_1,b_1) sur électrodes d'alliage de zinc A et (a_2,b_2) sur électrodes d'alliage de zinc B. (a_1,a_2) électrodes polies mécaniquement, (b_1,b_2) électrodes polies mécaniquement et traitées avec Na_2S pendant 12 heures. Vitesse de balayage V_b = 100 mV.s⁻¹.

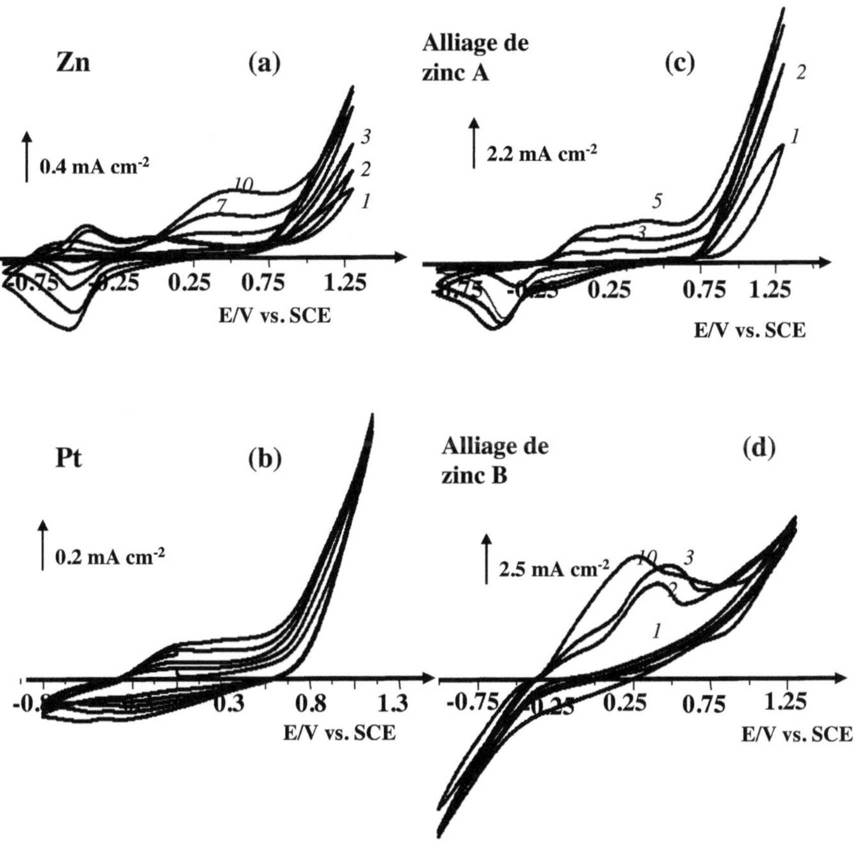

Figure 10 : Courbes voltammétriques j-E obtenues en milieu carbonate de propylène + N(Et)₄Tos 0.1M + pyrrole 0.3M, sur électrode de platine (b) et sur substrats zingués traités avec Na₂S pendant 12 heures : (a) électrode de zinc, (c) électrode d'alliage de zinc A et (d) électrode d'alliage de zinc B. Vitesse de balayage V_b = 100 mV.s⁻¹.

et un Film de polypyrrole homogène est adhérent se forme à la surface du zinc. De même en utilisant une électrode de travail en alliage de zinc A prétraitée par des sulfure nous avons pu synthétiser des films de polypyrrole épais et homogènes en milieu carbonate de propylène. La courbe voltampérometrique est similaire à celle observée sur platine.

Malgré un prétraitement en milieu Na_2S nous n'avons pas pu synthétiser de film de polypyrrole sur des électrodes d'alliage de zinc B et les courbes enregistrées dans ce cas sont semblables à celles réalisées en milieu sans pyrrole.

Finalement, Il faut noter que les tentatives d'électropolymérisation du pyrrole sur le zinc et les alliages de zinc n'ayant subit aucun traitement de surface ont échoué à cause d'une dissolution active de l'électrode de travail dans ces conditions.

c) Milieu nitrobenzène

En raison du caractère acide du nitrobenzène, les résultats obtenus en milieu $\{NO_2C_6H_5 + N(Et)_4Tos\ 0.1\ M + pyrrole\ 0.3\ M\}$ sont similaires à ceux enregistrés dans le milieu acétonitrile avec des électrodes préalablement traitées. Cependant, aucun dépôt de polymère n'est obtenu sur des électrodes n'ayant subit qu'un polissage mécanique de leurs surfaces.

Par balayage cyclique du potentiel en milieu nitrobenzène et en présence de $N(Et)_4Tos\ 0.1\ M$ et de pyrrole 0.3 M, nous avons pu faire croître à la surface des électrodes de zinc et d'alliages de zinc A et B prétraitées des films homogènes de polypyrrole dont l'épaisseur croit régulièrement avec le nombre de cycles balayés (Figs. 11c et 11d). L'allure des courbes i-E est analogue à celle des courbes enregistrées sur une électrode de platine polarisée dans les mêmes conditions (Fig. 11b).

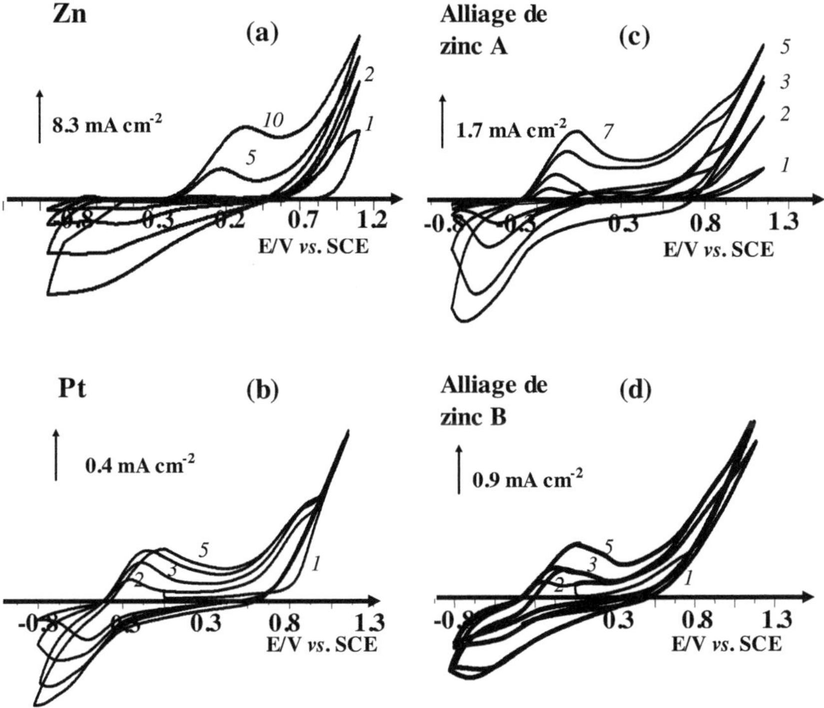

Figure 11 : Courbes voltammétriques j-E obtenues en milieu nitrobenzène + N(Et)$_4$Tos 0.1M + pyrrole 0.3M, sur électrode de platine (b) et sur substrats zingués traités avec Na$_2$S pendant 12 heures : (a) électrode de zinc, (c) électrode d'alliage de zinc A et (d) électrode d'alliage de zinc B. Vitesse de balayage V_b = 100 mV.s^{-1}.

II.3.2- Mode galvanostatique

a) Milieu acétonitrile

Des densités de courant compris entre 0.1 et 10 mA cm^{-2} ont été appliquées aux électrodes de zinc et d'alliages de zinc A et B en milieu solvant + N(Et)$_4$Tos 0.1 M + pyrrole 0.3 M dans le cas des trois solvants précités. Comme attendu, les courbes potentiel-temps varient considérablement en fonction des densités de courant imposées.

Dans le cas d'une électrode de zinc sans prétraitement (Fig. 12A$_1$) la formation d'un film de polypyrrole nécessite une densité de courant j = 10 mA cm^{-2}. Pour j < 5 mA cm^{-2} les courbes chronopotentiométriques présentent des paliers situés à des potentiels négatifs qui favorisent la réaction de dissolution de l'électrode de travail. L'électrodéposition de polypyrrole réalisée dans ce cas à des densités de courant élevées s'accompagne de la formation d'un résidu blanc caractéristique de l'oxyde de zinc. Par contre, des films épais et homogènes de polypyrrole ont pu être élaborés à des densités de courant j ≥ 3 mA cm^{-2} après traitement à Na$_2$S de ces électrodes de zinc (Fig. 12B$_1$). Dans ce dernier cas et pour j = 1mAcm^{-2} le dépôt de PPy obtenu n'est pas homogène et se présente sous forme d'îlots noirs dispersés à la surface de l'électrode. En outre aucun dépôt n'est observé lorsque la densité de courant imposée est strictement inférieure à 1 mA cm^{-2}.

L'électropolymérisation du pyrrole sur les électrodes d'alliage de zinc A sans prétraitement (Fig. 12A$_2$) se fait à partir de 3 mA cm^{-2} et aucune trace de polypyrrole n'est observée en dessous de cette valeur. Cependant, des îlots de polypyrrole commencent à se former à des densités de courant faibles à partir de j = 0.5 mA cm^{-2} lorsque l'alliage est traité aux sulfures et les dépôts deviennent homogènes à partir de j = 3 mA cm^{-2} (Fig. 12B$_2$)

Dans le cas de l'alliage de zinc B, aucune électropolymérisation ne se produit. Alors que même lorsque l'alliage est prétraité les films de polypyrrole formés

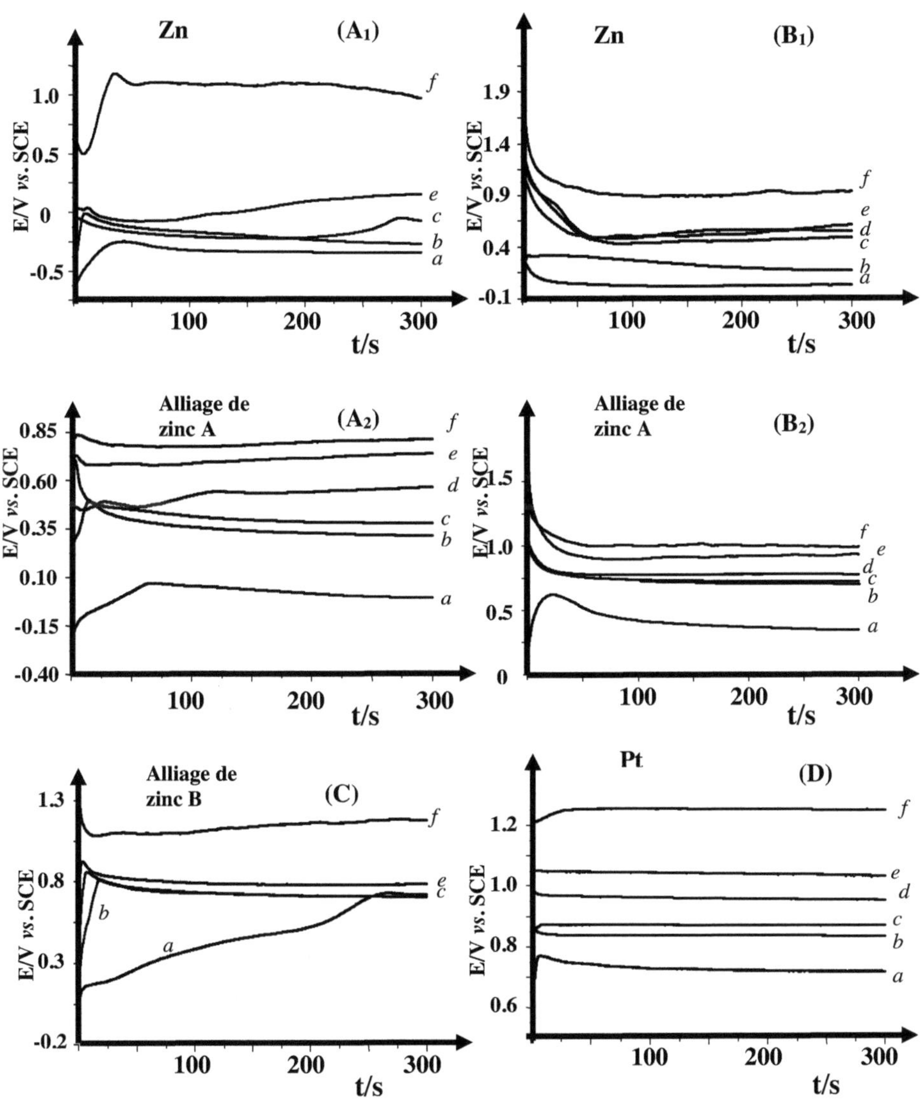

Figure 12: Courbes chronopotentiométriques obtenues en milieu CH_3CN + $N(Et)_4Tos$ 0.1M + pyrrole 0.3M sur électrodes de zinc (A₁,B₁), d'alliage de zinc A (A₂,B₂), de platine (C) et d'alliage de zinc B (D). (A₁,A₂,C) electrodes polies mécaniquement, (B₁,B₂,D) électrodes polies mécaniquement et traitées avec Na_2S pendant 12 heures. a) 0.1 mA cm⁻², b) 0.5 mA cm⁻², c) 1 mA cm⁻², d) 3 mA cm⁻², e) 5 mA cm⁻², f) 10 mA cm⁻²

à partir de 0.5 mA cm^{-2} (Fig. 12C) sont inhomogènes et couverts d'une couche blanche d'oxydes.

Enfin, à titre comparatif les courbes E =f(t) de la figure 12D obtenu sur platine présentent des paliers de potentiel situés à des valeurs supérieures au seuil d'électropolymérisation du pyrrole ce qui favorise l'obtention de films de polypyrrole très homogènes même à des densités de courant très faibles.

Lors des expériences réalisées en mode galvanostatique en milieu acétonitrile sur l'alliage de zinc A prétraité par Na$_2$S, nous avons observé un comportement inhabituel de l'électrode pour une densité de courant imposée de 0.3 mA cm^{-2}. Pour cette densité de courant la courbe E = f(t) est caractérisée par des oscillations de potentiel entre deux valeurs; 0.4 V qui correspondait à l'oxydation de l'électrode et 0.8 V qui est le potentiel d'électropolymérisation (Fig. 13).

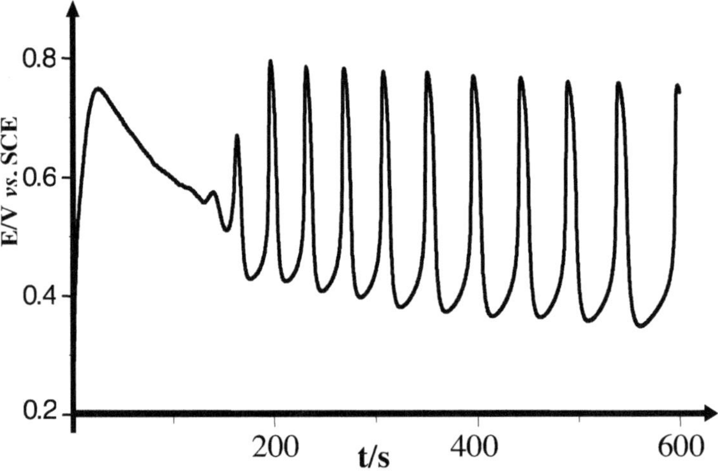

Figure 13 : Comportement oscillatoire d'une électrode d'alliage de zinc A (traitée avec Na$_2$S) dans une solution {CH$_3$CN + N(Et)$_4$Tos 0.1 M + pyrrole 0.3 M}. Densité de courant appliquée j = 0.3 mA cm^{-2}.

Un comportement oscillatoire identique a été rapporté dans la littérature [21] dans la cas d'une électrode de fer polarisée en milieu acétonitrile en présence de l'hexafluorophosphate de tetrabutyl ammonium $N(Bu)_4PF_6$ et de pyrrole. Les auteurs ont étudié ce phénomène électrochimique par la technique de l'électrode tournante disc-anneau et ont conclu que le comportement oscillatoire était spécifique à l'acétonitrile et à l'anion PF_6^- et résulte de la formation et la rupture d'un film de PPy à la surface de l'électrode de fer. Ils ont déduit que le film de PPy jouait le rôle d'une membrane qui contrôle la diffusion des ions Fe^{3+} vers le milieu électrolytique. Sa rupture périodique due à un excès de $Fe^{3+}(PF_6^-)_3$ accumulé à l'interface polymère/électrode correspond au largage instantané des ions Fe^{3+}, qui apporterait un effet catalytique supplémentaire pour l'électropolymérisation du pyrrole et conduirait aux oscillations observées.

Partant de cette étude, nous pouvons supposer que le phénomène oscillatoire observé dans notre cas pourrait résulter d'un processus analogue à celui décrit précédemment. Dans ce cas l'alliage de zinc A jouerait le rôle du fer et les ions tosylate celui des ions hexafluorophosphate.

b) Milieu carbonate de propylène

Différentes densités de courant ont été imposées à des électrodes de zinc, d'alliages de zinc A, B et de platine en milieu carbonate de propylène en présence de $N(Et)_4Tos$ 0.1 M et de pyrrole 0.3 M. Les électrodes zinguées sont prétraitées dans ce cas par Na_2S pendant 12 heures.

A partir de $1 mAcm^{-2}$ une formation d'un film de polypyrrole sur électrode de zinc est observé (Fig. 14A). Pour des valeurs inférieures à 0.5 mA cm^{-2}, les courbes chronopotentiométriques présentent des paliers situés à des potentiels inférieurs au seuil d'électroplymérisation qui est 0.7 V/ECS.

Cependant, lorsque l'électrode de travail est en alliage de zinc A, et pour j inférieure à 0.5 mA cm^{-2} (Fig. 14B), les courbes chronopotentiométriques évoluent vers des paliers dont les valeurs de potentiel sont inférieures à celle d'oxydation du pyrrole et donc ne permettent pas la formation du polymère. Une densité de courant supérieure

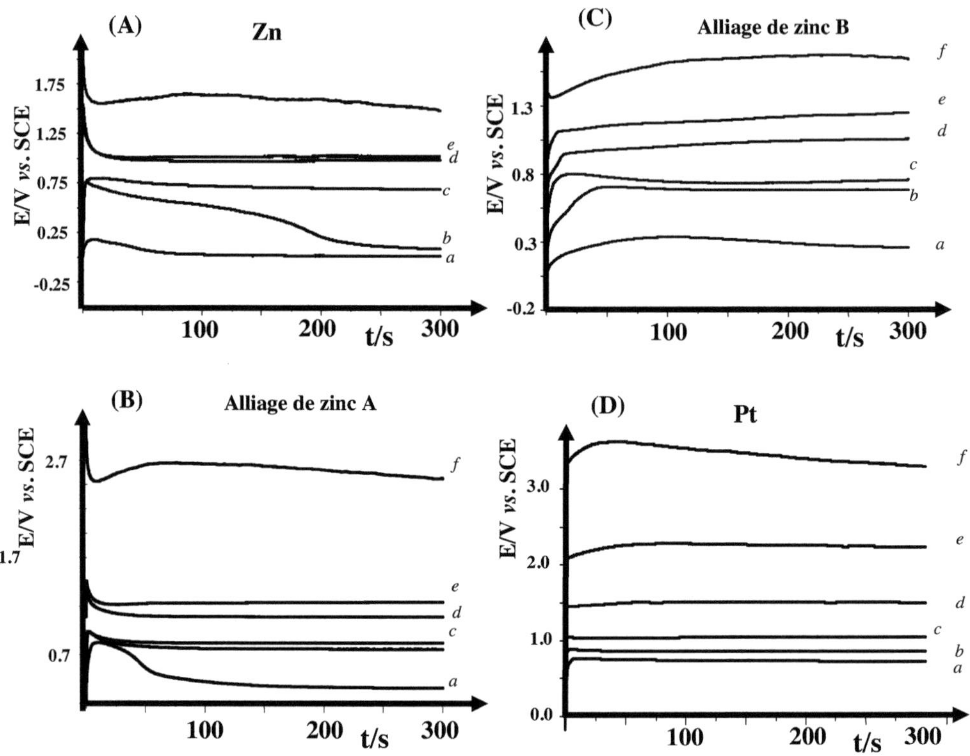

Figure 14 : Courbes chronopotentiométriques obtenues en milieu carbonate de propylène + N(Et)$_4$Tos 0.1M + pyrrole 0.3M sur électrode de platine (D) et sur substrats zingués traités avec Na$_2$S pendant 12 heures : (A) électrode de zinc, (B) électrode d'alliage de zinc A et (C) électrode d'alliage de zinc B. a) 0.1 mA cm^{-2}, b) 0.5 mA cm^{-2}, c) 1 mA cm^{-2}, d) 3 mA cm^{-2}, e) 5 mA cm^{-2}, f) 10 mA cm^{-2}

à 0.5 mA cm^{-2} est nécessaire à la formation d'un film de polypyrrole; le potentiel se stabilise à des valeurs supérieures au potentiel d'oxydation du pyrrole et des films très homogènes de PPy se déposent à la surface de l'alliage de zinc A.

De la même façon, dans le cas de l'alliage de zinc B (Fig. 14C), il faut appliquer une densité de courant minimale de 0.5 mA cm^{-2} pour obtenir un film de polypyrrole dont

l'homogénéité est nettement améliorée lorsque des densités de courant plus élevées sont appliquées à l'électrode.

Par comparaison, dans le cas du platine (Fig. 14D) une densité de courant de 0.1 mA cm^{-2} est suffisante pour obtenir un film de polypyrrole dont l'épaisseur augmente avec l'augmentation de la densité de courant appliquée.

c) Milieu Nitrobenzène

La réaction d'électropolymérisation du pyrrole en mode galvanostatique a été également testée en milieu nitrobenzène à des densités de courant de plus en plus croissante sur des électrodes de Zn et alliages de zinc ayant subit un traitement préalable au sulfure de sodium.

L'électropolymérisation du pyrrole sur le zinc (Fig. 15A) commence pour des densités de courant supérieures à 0.3 mA cm^{-2} et conduit à la formation de films homogènes de polypyrrole; et avec l'augmentation de la densité de courant ce film devient de plus en plus épais.

Contrairement au cas de l'électrode de zinc, la valeur de 0.3 mA cm^{-2} ne permet d'obtenir que des taches de PPy dispersées à la surface de l'alliage de zinc A (Fig. 15B). Il faut imposer une valeur j supérieure ou égal à 0.5 mA cm^{-2} pour former un film homogène de polypyrrole.

Comme dans le cas de l'acétonitrile, les résultats de l'électropolymérisation du pyrrole en mode galvanostatique sur l'alliage de zinc B ne sont pas

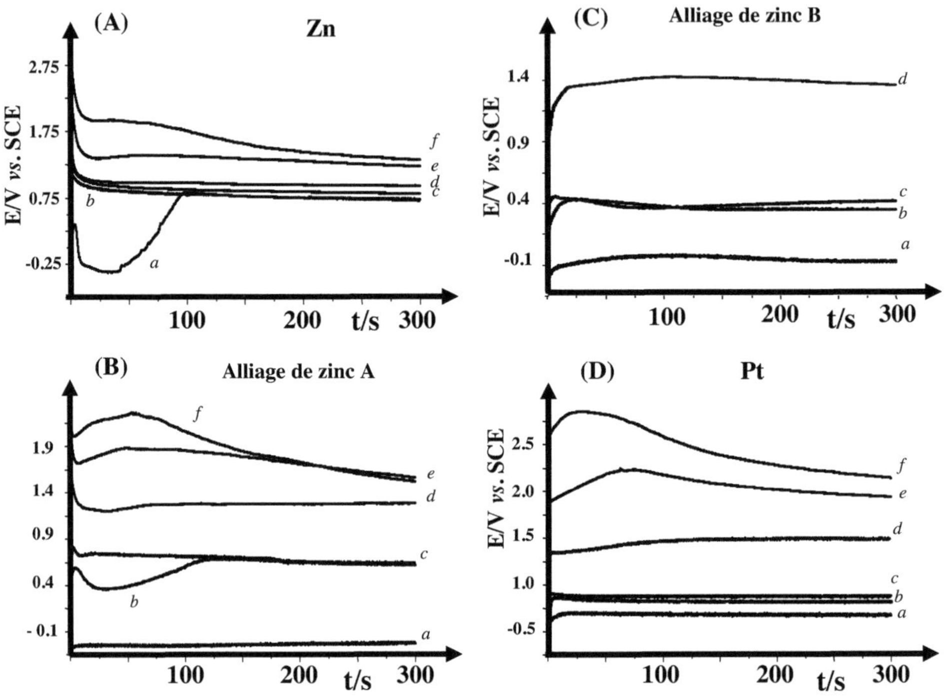

Figure 15 : Courbes chronopotentiométriques obtenues en milieu nitrobenzène + $N(Et)_4Tos$ 0.1M + pyrrole 0.3M, sur électrodes de platine(d) et sur substrats zingués traités avec Na_2S pendant 12 heures : (a) électrode de zinc, (b) électrode d'alliage de zinc A et (c) électrode d'alliage de zinc B. a) 0.1 mA cm^{-2}, b) 0.5 mA cm^{-2}, c) 1 mA cm^{-2}, d) 3 mA cm^{-2}, e) 5 mA cm^{-2}, f) 10 mA cm^{-2}

satisfaisants (Fig. 15C). Les films de polypyrrole ne sont obtenus qu'à partir de 3 mA cm^{-2} et ne sont généralement ni homogènes ni adhérents.

L'électrode de platine, prise ici à titre comparatif (Fig. 15D), s'apprête facilement à la réaction d'électropolymérisation. En effet, comme dans le cas des deux autres solvants, une densité de 0.1 mA cm^{-2} suffit pour atteindre des potentiels élevés et permettre la croissance de films de PPy dont l'épaisseur augmente avec la densité de courant imposée.

II.3.3- Mode potentiostatique

L'électrosynthèse de films de PPy sur les substrats métalliques précités peut également être réalisée par la technique potentiostatique. Les potentiels imposés à partir desquels le pyrrole polymérise dépendent à la fois du caractère acido-basique du solvant et de la nature du substrat métallique qui constitue l'électrode de travail. En effet, la présence d'une couche de passivation de sulfures et/ou d'oxydes constitue une barrière qui fait que les potentiels d'électropolymérisation dans ces cas sont généralement plus grands que ceux observés sur platine. Le tableau III compare les potentiels pour les quels des films homogènes de PPy sont obtenus dans les divers solvants organiques en présence de N(Et)$_4$Tos 0.1 M et de pyrrole 0.3 M.

Il faut noter que sur platine et pour une valeur de potentiel supérieure ou égale à 0.7 V/ECS, l'électropolymérisation se produit instantanément et le courant atteint rapidement une valeur élevée (Fig. 16a). Tandis que sur une électrode prétraitée de zinc et pour des valeurs de potentiel supérieures ou égales à 0.8 V le courant croît lentement et ne se stabilise qu'après 2 à 3 minutes (Fig. 16b). Cette différence de comportement peut être interprétée en terme de *concentration* de sites actifs à la surface de l'électrode de travail. Dans le cas du platine, l'électropolymérisation s'amorce d'une façon parallèle sur toute la surface de l'électrode d'où la montée instantanée du courant jusqu'au palier d'électropolymérisation, alors que sur l'électrode de zinc où la densité des sites actifs est beaucoup moins importantes à

Tableau III: Electropolymérisation du pyrrole par méthode potentiostatique en milieu CH_3CN, PC et $C_6H_5NO_2$ en présence de $N(Et)_4Tos$ 0.1M et pyrrole 0.3 M sur platine et substrats zingués prétraités par immersion dans une solution aqueuse de Na_2S 0.2 M pendant 12 heures.

Solvant	Potentiels appliqués (V/ECS)	Platine			Zinc			Alliage de zinc A			Alliage de zinc B		
		$J/mAcm^{-2}$	Formation de PPy	Homogénéité	$J/mAcm^{-2}$	Formation de PPy	Homogénéité	$J/mAcm^{-2}$	Formation de PPy	Homogénéité	$J/mAcm^{-2}$	Formation de PPy	Homogénéité
CH$_3$CN	0.6	0.6	N		3.0	N	−	1.1	N		0.3	N	
	0.7	1.1	O	+	6.4	O	+	2.3	O	−	0.5	N	
	0.8	1.5	O	+	7.7	O	+	3	O	+	1.7	O	−
	0.9	3.3	O	+	9.9	O	+	6.6	O	+	4.2	O	−
	1	6.3	O	+	11.2	O		9	O	+	5.2	O	−
PC	0.6	0.06	N		0.4	N		0.1	N	−	0.5	N	
	0.7	0.1	O	+	0.6	N		0.2	N	−	0.8	N	
	0.8	0.3	O	+	12.8	O	+	0.6	O	+	1	O	−
	0.9	0.8	O	+	14.7	O	+	0.8	O	+	1.6	O	−
	1	0.9	O	+	15.3	O	+	1.6	O	+	2	O	−
C$_6$H$_5$NO$_2$	0.6	0.02	N		0.1	N		0.6	N		0.6	N	
	0.7	0.1	O	−	0.2	N		1.3	O	−	1.1	N	
	0.8	0.5	O	+	0.8	O	−	1.5	O	−	1.7	N	
	0.9	0.6	O	+	1.7	O	+	1.8	O	+	1.9	O	−
	1	1.1	O	+	2.5	O	+	3	O	+	2.5	O	−

O : *Formation d'un film de polypyrrole*
N : *Pas de formation de film de polypyrrole*
+ : *Film homogène*
− : *Film inhomogène*

cause de la présence de la couche de passivation, le phénomène de germination se fait dans des sites localisés et les germes croissent lentement dans toutes les directions jusqu'à ce que toute la surface de l'électrode soit recouverte de PPy, ce qui explique la croissance lente du courant vers le palier d'électropolymérisation.

Par ailleurs, la compétition entre l'oxydation de l'électrode et l'électropolymérisation du pyrrole peut également intervenir dans ce processus. Effectivement, durant cette étape transitoire préliminaire une transition prend naissance entre une légère dissolution du métal et l'électropolymérisation du pyrrole. Grâce à la présence de la couche de passivation, la vitesse de dissolution du zinc devient négligeable devant celle de production des radicaux-cations pyrrole. Par conséquent, une grande partie de la charge imposée est consommée par la réaction d'électropolymérisation.

III- Caractérisation des films de polypyrrole

III.1- Adhérence

L'adhérence des films de PPy est estimée en utilisant le test au ruban adhésif normalisé qui consiste à quadriller le film de polymère à l'aide d'un outil tranchant en 25 petits carreaux d'environ 4 mm^2 de surface. Un ruban adhésif est ensuite collé sur le surface quadrillée du polymère puis retiré. Le nombre de carreaux qui restent accrochés à l'électrode donne une évaluation du pourcentage d'adhérence du polymère à la surface du métal.

Le test d'adhérence a été appliqué à des films de PPy électrosynthétisés en appliquant des densités de courant croissantes comprises entre 1 et 10 mA cm^{-2} dans les solvants organiques étudiés en présence de $N(Et)_4Tos$ 0.1 M et de pyrrole 0.3 M. Les résultats du test sont regroupés sur le tableau IV. Les conclusions qui en ressortent sont tous d'abord la forte adhérence des films électrosynthétisés à des faibles densités de courants (1 mA cm^{-2}) à la surface du zinc et de l'alliage de zinc A, alors que sur l'alliage de zinc B le polymère se détache spontanément de la surface du substrat. Les revêtements polymériques dans tous les cas perdent progressivement de leur

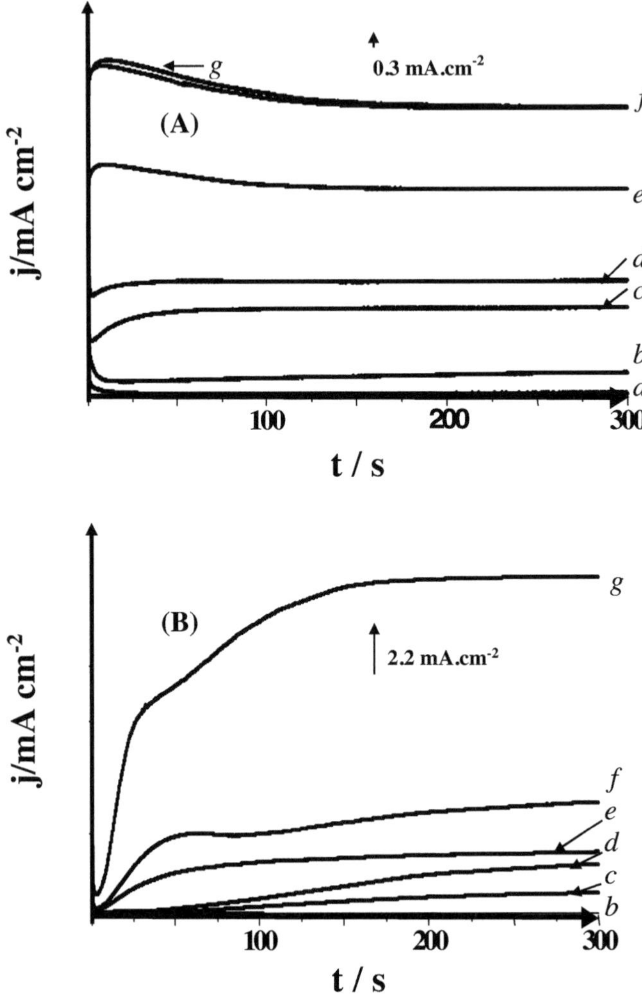

Figure 16 : Courbes chronoampérométriques obtenues en milieu nitrobenzène + N(Et)$_4$Tos 0.1M + pyrrole 0.3M : A) sur électrode de platine et B) sur électrode de zinc traitée avec Na$_2$S pendant 12 heures. Potentiels appliqués : (a) 0.6V, (b) 0.7V, (c) 0.8V, (d) 0.9V, (e) 1.0V, (f) 1.1V et (g) 1.2V.

adhérence lorsque la densité de courant d'électrosynthèse augmente ; elle s'annule pour j $\geq$ 10 mA cm^{-2}. Cette différence d'adhérence entre les films obtenus aux faibles densités de courant et ceux électrodéposés à des densités de courant élevées résulte probablement d'une différence dans la constitution des interfaces polymère / électrode entre les deux intervalles de densités de courant. En effet, lorsqu'une densité de courant faible est appliquée le phénomène de germination se fait dans des sites bien localisés et dispersés à la surface de l'électrode. Ces sites peuvent être des ruptures ponctuelles de la couche de passivation où la densité de courant est beaucoup plus élevée que celle imposée à la totalité de la surface de l'électrode. Par conséquent, les premiers germes du polymère se forment au niveau de ces sites où

l'échange électronique est actif et servent de points d'attache du polymère à la surface du substrat métallique. Inversement, lorsque la densité de courant est élevée, l'échange électronique peut se faire à travers la barrière formée par la couche de passivation et conduire à la formation d'un revêtement moins adhérent en raison de l'absence des sites d'accrochage.

En outre, par comparaison des résultas obtenus dans les divers solvants il apparaît que les films électrosynthétisés en milieu carbonate de propylène, considéré comme solvant à caractère neutre, possèdent les meilleurs propriétés d'adhérence. Il faut constater également que plus le caractère acide du solvant est prononcé plus le polymère est moins adhérent. En effet, les films préparés en milieu carbonate de propylène (DN = 15.1) sont plus adhérents que ceux obtenus en milieu acétonitrile (DN = 14.1) qui sont à leur tour plus adhérents que ceux électrosynthétisés en milieu nitrobenzène (DN = 8.1)

Finalement, il faut noter que l'adhérence des films de PPy dépend étroitement des propriétés structurales et morphologiques des revêtements. Ce point sera discuté en détail dans la section qui traitera de la morphologie de ces matériaux polymériques.

Tableau IV: Evolution de l'adhérence du film de polypyrrole en fonction de la densité de courant appliquée sur des électrodes de Zn, alliage de Zn A et alliage de Zn B en milieu carbonate de propylène, acétonitrile et nitrobenzène en présence de $N(Et)_4Tos$ 0.1M et pyrrole 0.3M.

Densité de courant appliquée	Zinc			Alliage de zinc A			Alliage de zinc B		
	CH_3CN	PC	$C_6H_5NO_2$	CH_3CN	PC	$C_6H_5NO_2$	CH_3CN	PC	$C_6H_5NO_2$
1 mA cm^{-2}	100%	100%	75%	–	100%	85%	15%	20%	–
3 mA cm^{-2}	40%	50%	27%	90%	100%	65%	10%	15%	5%
5 mA cm^{-2}	10%	20%	0%	60%	50%	6%	0%	5%	0%
10 mA cm^{-2}	0%	0%	0%	5%	10%	6%	0%	0%	0%

III.2- Morphologie des films de PPy

Les propriétés de surface des revêtements obtenus sur les électrodes de zinc avec et sans prétraitement au sulfure de sodium sont très différentes. La morphologie des films formées sur les deux surfaces a été étudiée par microscopie électronique à balayage (SEM) et les micrographes sont présentés sur la figure 17. Des films homogènes et très adhérents sont obtenus à la surface du zinc prétraitée. La *qualité* du polymère est excellente à tel point qu'aucune fissure ou détachement du film n'est observé (Fig. 17A). Cependant, lorsque l'électrode de zinc n'a pas subit le traitement chimique, le dépôt composé de PPy et d'oxyde de zinc formé n'est pas homogène et non adhérent à la surface de l'électrode (Fig. 17B).

Globalement les films électrodéposés sur des plaques de zinc prétraitées sont très homogènes et présentent des microsphéroïdes d'environ 5 à 10µm de diamètre. Le film composite de PPy-oxyde de zinc formé sur électrodes de zinc non prétraitées présente une surface plus rugueuse et aucune structure globulaire n'est observée. Sa surface est caractérisée par des fissures qui sont à l'origine de sa faible adhérence à l'électrode de zinc.

La valeur de la densité de courant appliquée a aussi un grand effet sur la morphologie et les propriétés d'adhérence du revêtement. La structure de surface des films de PPy préparés par voie galvanostatique sur des électrodes de zinc prétraitées analysée par SEM dépend de la valeur de la densité de courant imposée. Deux types de morphologies distinctes sont observés sur la face externe du film de PPy suivant que la densité de courant d'électrosynthèse est faible ou élevée. Des films de polypyrrole homogènes et très adhérents sont obtenus à des densités de courant faibles (2.5 mA cm^{-2}, Fig. 18A), tandis que pour des densités de courant élevées (10 mA cm^{-2}, Fig. 18B) le revêtement obtenu est cassant, uniforme et faiblement adhérent à la surface de zinc, il peut être facilement détaché de l'électrode. Les images SEM du film synthétisé en mode galvanostatique à $j = 2.5$ mA cm^{-2} appliquée pendant 10 min présente une structure en choux-fleur constituée d'agrégats de globules de 5 à 10 µm de diamètre (Fig. 18A). Tandis que, lorsque la densité de courant

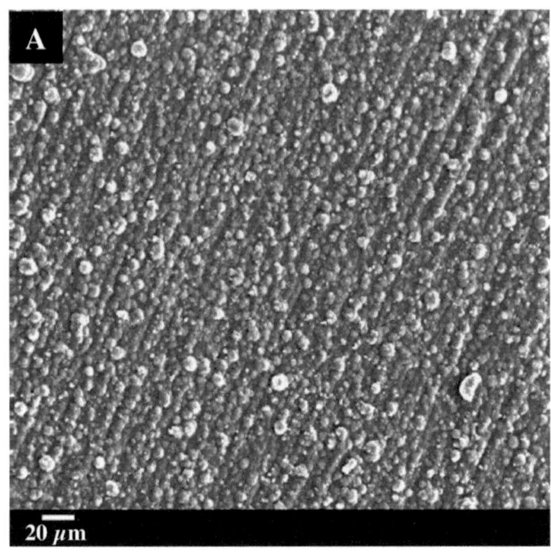

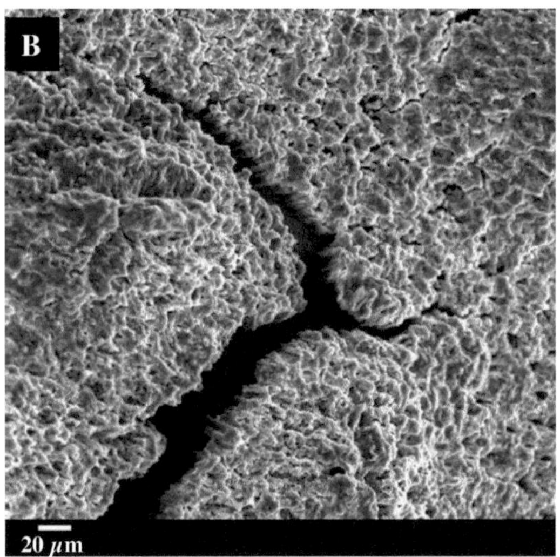

Figure 17 : Images SEM de films de polypyrrole synthétisés à courant constant (j = 2.5 mA.cm^{-2}) en milieu CH$_3$CN + N(Et)$_4$Tos 0.1M + pyrrole 0.3M sur électrode de zinc. A) électrode polie mécaniquement et traitée avec Na$_2$S pendant 12 heures, B) électrode polie mécaniquement.

d'électrosynthèse est de 10 mA cm^{-2} les agrégats ne sont pas très visibles et le film constitué en majorité d'une couche fissurée de PPy-oxyde de zinc (Fig. 18B).

L'effet du caractère acido-basique du solvant sur les propriétés de surface du revêtement a été également traité. Pour cela des films de PPy ont été électrosyntétisés après 18 balayages cycliques de potentiel entre –0.75 V et 1.2 V/ECS dans les divers solvants organiques en présence du N(Et)$_4$Tos 0.1 M et de pyrrole 0.3 M, sur des plaques d'alliage de zinc A prétraitées à Na$_2$S 0.2 M.

L'analyse par SEM des différents échantillons obtenus révèle des différences morphologiques importantes liées à la nature du solvant constituant le milieu électrolytique d'électrosynthèse. La figure 19 indique que le film le plus homogène est celui préparé en milieu carbonate de propylène (Figs 19A$_1$,A$_2$); le polymère présente une structure globulaire relativement régulière. En milieu acétonitrile le revêtement est homogène, mais présente quelques fissures à sa surface (Figs 19B$_1$,B$_2$). Tandis que, le milieu nitrobenzène donne des films dont les couches les plus externes ont l'air poudreuses (Figs 19C$_1$,C$_2$).

D'autre part nous avons synthétisé des films de polypyrrole en imposant des densités de courant de plus en plus croissantes à des électrodes d'alliage de zinc A prétraitées pour essayer de suivre la croissance du film de polypyrrole en milieu acétonitrile en présence de 0.1 M N(Et)$_4$Tos comme sel de fond et 0.3 M pyrrole. Le premier stage du processus d'électropolymérisation (Fig. 20A) commence par une légère oxydation localisée du métal et les premiers germes du polymère se développent au niveau de ces sites actifs ; probablement les cations métalliques qui résultent de la dissolution de l'électrode au niveau de ces sites jouent un rôle catalytique en oxydant les premiers monomères pour donner ces germes. Au cours de la deuxième étape la structure change en raison de la croissance des germes et leur propagation dans toutes les directions (Fig. 20B).

La croissance et le chevauchement des germes continuent et donnent un film homogène présentant une structure globulaire (Fig. 20C). Lorsque le film devient trop épais sa structure change et des sortes de filaments se développent à la surface de la

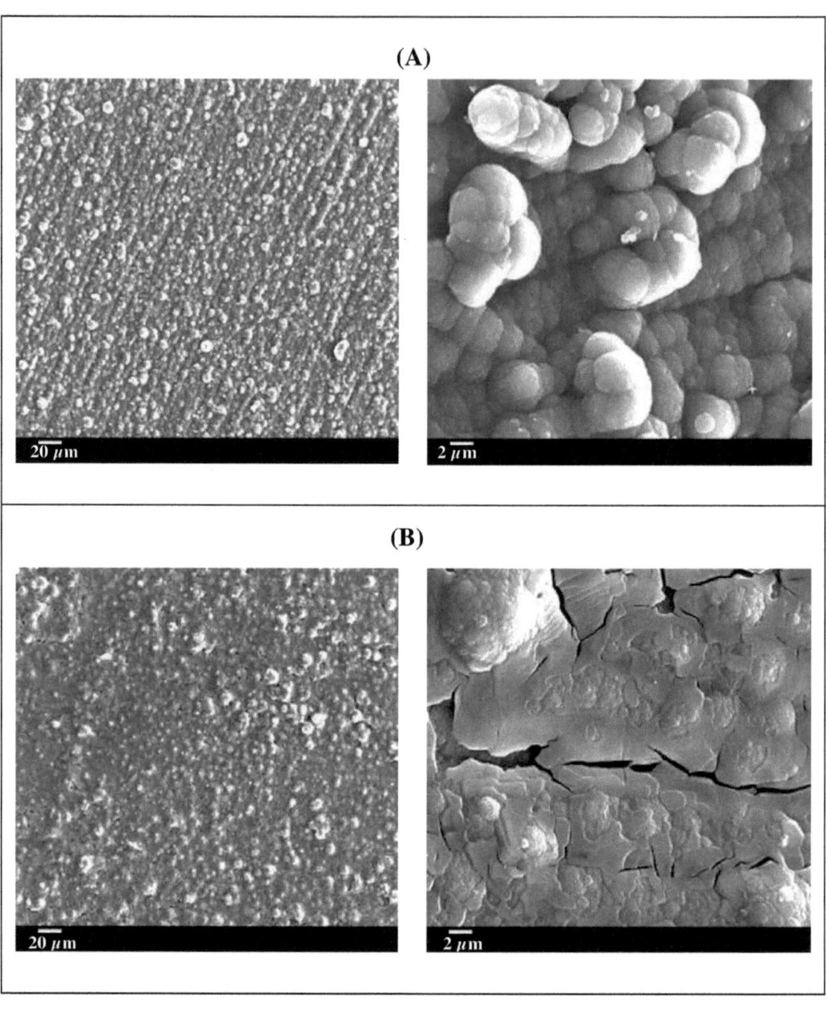

Figure 18 : Images SEM de films de polypyrrole synthétisés à différentes densités de courant en milieu CH_3CN + $N(Et)_4Tos$ 0.1M + pyrrole 0.3M sur électrodes de zinc prétraitées avec Na_2S pendant 12 heures. A) j = 2.5 mA.cm^{-2}, B) j = 10 mA.cm^{-2}.

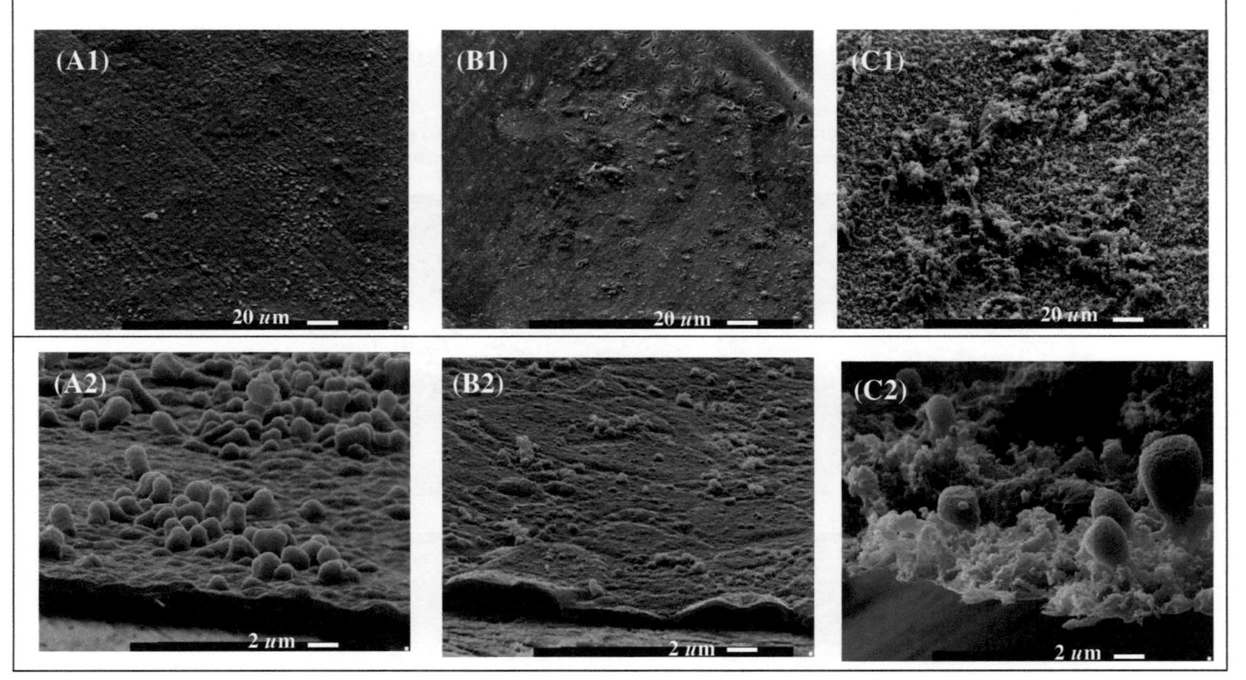

Figure 19 : Images SEM de films de polypyrrole synthétisés en milieu {solvant + N(Et)$_4$Tos 0.1M + pyrrole 0.3M} sur électrodes d'alliage de zinc B traitées avec Na$_2$S pendant 12 heures. A1, A2) carbonate de propylène , B1, B2) acétonitrile et C1, C2) nitrobenzène.

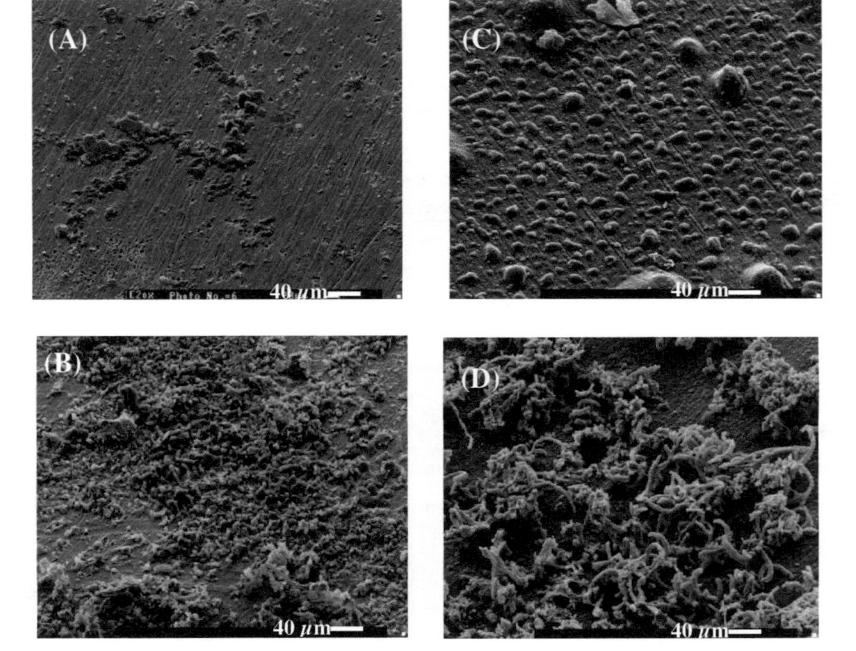

Figure 20 : Images SEM d'un film de PPy snthétisé à courants constants en milieuCH$_3$CN + NEt$_4$Tos 0.1M + pyrrole 0.3M pendant 10 min sur electrodes prétraiées d'alliage de zinc A.
A) j = 0.5mAcm^{-2}, B) j = 1mAcm^{-2}, C) j = 2.5mAcm^{-2}, D) j = 10mAcm^{-2}

couche homogène de PPy (Fig. 20D). C'est cette structure fibrillaire des couches les plus externes du polymère qui donne aux films épais leur aspect poudreux.

En résumé, des films d'excellente *qualité* sont obtenus à des densités de courant faibles, alors que le domaine des densités de courant élevées n'est pas favorable pour la formation de films homogènes et adhérents de PPy à la surface d'électrodes de zinc prétraitées. En plus, les solvants dont le caractère est le moins acide sont plus adaptés à l'obtention de films homogènes et très adhérents pourvu que la densité de courant j soit maintenue à des valeurs faibles ($1\ \mathrm{mA\ cm^{-2}} \leq j \leq 2.5\ \mathrm{mA\ cm^{-2}}$).

III.3- Analyse par Spectroscopie de photoélectron X (XPS)

III.3.1- Composition élémentaire de la couche de passivation

Nous avons montré dans les paragraphes précédents qu'un traitement des électrodes zinguées par immersion dans une solution de sulfure de sodium constituait un moyen efficace de passivation de leurs surfaces. La couche de passivation formée conduisait à l'inhibition de la dissolution métallique et permettait l'élaboration de couches épaisses de polypyrrole. Cependant, la nature de la couche inhibitrice n'a pas été déterminée. Nous nous sommes donc proposé d'analyser sa composition élémentaire par spectroscopie de photoélectron X (XPS), mais au préalable il est utile d'analyser la surface de l'électrode de zinc sans traitement ayant subit uniquement un polissage au papier abrasif 1200.

a) Analyse de l'électrode de Zn après polissage mécanique

Après polissage au papier abrasif 1200, rinçage et séchage l'électrode de zinc a été analysée par XPS. On s'est intéressé particulièrement au signal du zinc et de l'oxygène.

Il faut signaler tout d'abord l'absence du signal dans le domaine des énergies de liaison associée au soufre S 2p, ce qui signifie que toutes les espèces de soufre qui seraient observées après traitement chimique du zinc au sulfure de sodium proviendraient du traitement lui même.

Le signal du zinc Zn $2p^{3/2}$ (Fig. 21a) est parfaitement symétrique et constitué d'un seul pic large à 1021.7 eV attribué aux oxydes et hydroxydes de zinc (ZnO, Zn(OH)$_2$) [16,30] dont les énergies de liaisons sont très proches.

De la même manière, le signal de l'oxygène O 1s (Fig. 21b) est caractérisé par un seul pic large à 532.7 eV attribué aux atomes d'oxygène appartenant à ces oxydes et hydroxydes [18,30,33].

On note également le présence d'un signal de carbone C $_{1s}$ dans le domaine des énergies de liaison compris entre 282 et 292 eV. Ce signal est composé de la contribution de plusieurs hydrocarbures de contamination.

b) Analyse du Zn après polissage et traitement à Na$_2$S

Les électrodes de zinc ayant subit un polissage mécanique ont été ensuite immergées dans une solution aqueuse de Na$_2$S 0.2 M pendant 12 heures. Les analyses XPS effectuées sur ces électrodes prétraitées révèlent des changement important dans la compositions élémentaire de la surface.

En accord avec les résultats de la littérature [28], le signal XPS du soufre S 2p (Fig. 22a) présente un seul doublet à (161.7 eV, 162.9 eV) caractéristique de ZnS [18,29,32,33] qui résulte de la combinaison du soufre avec les cations Zn^{2+} provenant de l'oxydation de l'électrode.

Le signal de l'oxygène O 1s (Fig. 22b) présente un pic large situé à 532.0 V et attribué comme dans le cas précédent aux oxydes et hydroxydes de zinc ZnO et Zn(OH)$_2$ [18,30,33].

Ces données impliquent que la couche responsable de la passivation de l'électrode de zinc traitée au sulfure de sodium est constituée d'un mélange de sulfures de zinc et d'oxydes et hydroxydes de zinc.

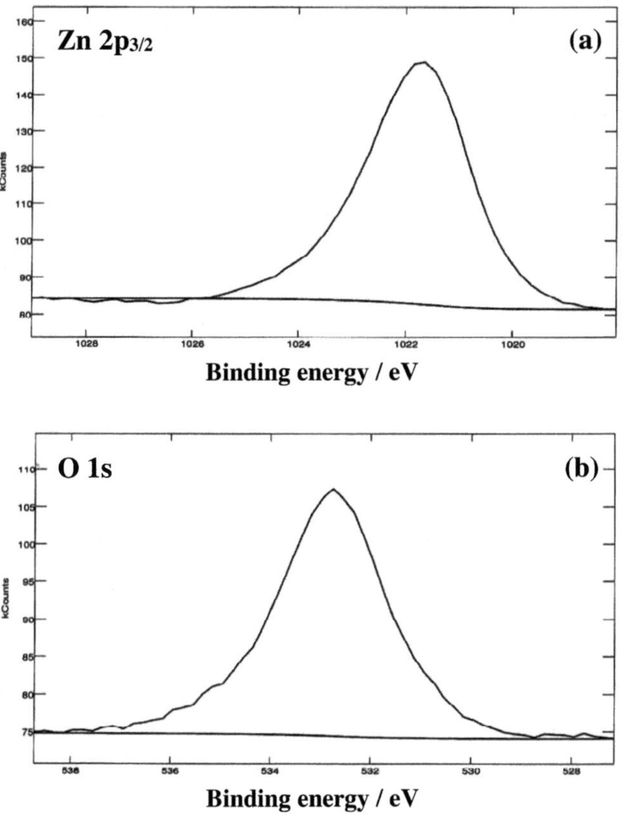

Figure 21 : Analyse XPS d'une électrode de zinc après polissage mécanique au papier abrasif 1200 a) signal du zinc Zn 2p$_{3/2}$ et b) signal de l'oxygène O 1s.

Par ailleurs, le signal du zinc Zn $2p^{3/2}$ (Fig. 22c) confirme la composition de la couche de passivation. En effet, deux composantes sont observées à 1021.5 et 1022.3 eV correspondent aux oxydes-hydroxydes de zinc et aux sulfures de zinc à des proportions de 30% et 70% respectivement. Ces pourcentages sont très voisines de ceux rapportés dans le littérature [18] (ZnO et/ou $Zn(OH)_2$ (30-35%) et ZnS (65-70%).

III.3.2- Composition élémentaire des films de PPy

Après électropolymérisation du pyrrole sur les électrodes de zinc prétraitées, l'analyse XPS des films élaborés révèle la présence des élements C, N, O et S. Le signal du carbone (Fig. 23a) se compose de trois composantes situées à 285.0, 286.6 et 288.9 eV d'intensités relatives (1, 0.14, 0.06) associées à trois espèces de carbone différentes. Le pic le plus intense à 285.0 eV est attribué aux atomes de carbone des groupements C-C appartenant aux noyau pyrrolique et au noyau aromatique de l'anion dopant para-toluène sulfonate. Le pic à 286.6 eV correspond aux atomes de carbone des groupements C-N du polymère et C-S de l'anion dopant. Le troisième pic de faible intensité à 288.9 eV est associé aux groupements carbonyle C=O qui peuvent avoir plusieurs origines, dont notamment des produits de contamination [34] ou une légère dégradation du polymère. En effet, Krishe et Zagorska [35,36] ont rapporté qu'une fraction du polymère se dégrade lors de son électrosynthèse à cause du phénomène de suroxydation. Le potentiel d'oxydation du monomère étant supérieur à celui du polymère, ce dernier se trouve suroxydé lors de l'électropolymérisation qui nécessite de se placer à des potentiels supérieurs au potentiel d'oxydation du monomère.

Un mécanisme de suroxydation du polymère en milieu organique causée par une attaque nucléophile induite par la présence de traces d'eau dans le milieu électrolytique a été proposé par Beck *et al.* [37] et Tsai *et al.* [38].

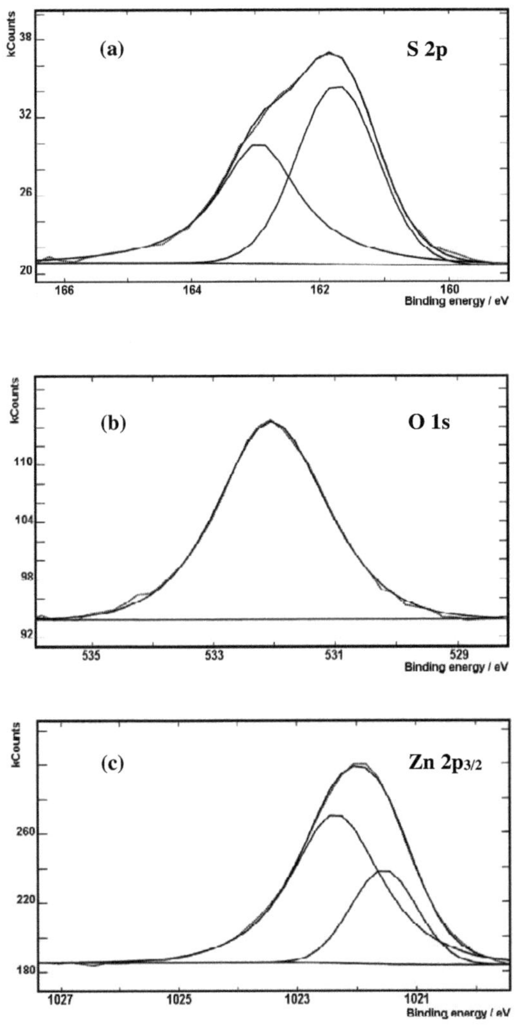

Figure 22 : Analyse XPS de l'électrode de zinc polie et traitée par immersion dans une solution Na_2S 0.2M pendant 12h : a) signal S 2p, b) signal O 1s, and c) signal Zn 2p$_{3/2}$.

Le signal de l'azote N 1s (Fig. 23b) se compose de trois pics, associés aux atomes d'azote ayant des structures imine (=N-) à 397.4 eV (22%) et amine (-NH-) à 399.4 eV (59%) et à une espèce d'azote chargée positivement ($N^{\delta+}$) à 401,0 eV (19%) [39-46] caractéristiques d'un film de PPy dopé à 19% [47]. En accord avec certaines études bibliographiques [46,48,49] le pic à 397.4 eV (Structure imine) peut être considéré comme un défaut dans les chaînes du polymère.

Par ailleurs, les analyses XPS sont utilisées pour déterminer la *qualité* d'atomes dopants au sein de la matrice du polymère. Les rapports d'intensités S/N ou S/C sont habituellement utilisés pour évaluer le taux de dopage du système PPy-Tso⁻. En outre, le rapport d'intensités $N^{\delta+}$/N est aussi calculé pour confirmer la valeur du taux de dopage obtenue. Dans notre cas, le signal XPS du soufre S 2p (Fig. 23c) comprend en plus du doublet de très faible intensité à (162.0 eV, 163.3 eV) attribué à quelques traces de sulfure de zinc, un autre doublet plus intense situé à (168.6 eV, 169.9 eV) provenant des anions dopants tosylate. Le calcul des rapports d'intensités précités nous a permis d'évaluer un taux de dopage compris entre 20 et 25% en accord avec la valeur déduite précédemment à partir du signal de l'azote N 1s.

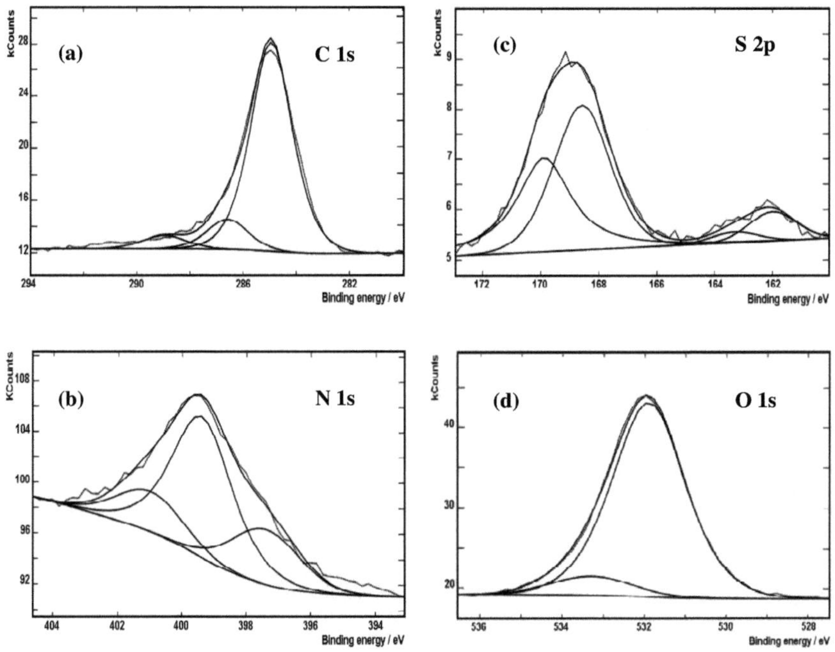

Figure 23 : Analyse XPS d'un film de polypyrrole électrosynthétisé en milieu CH₃CN + N(Et)₄Tos
0.1M + pyrrole 0.3M sur une électrode de zinc prétraitée par immersion dans une solution aqueuse
de Na₂S pendant 12 heures : a) signal C 1s, b) signal N 1s, c) signal S₂ₚ et d) signal O 1s.

III.4- Spectroscopie infra-rouge (IR)

Il est bien connu que lors de l'oxydation du polypyrrole certains noyaux passent de la forme aromatique à la forme quinoïd. La forme réduite du polypyrrole est constituée en majorité de motif aromatique, tandis que sa forme oxydée, en raison du fait que le taux de dopage maximum ne dépasse pas généralement 30%, est constituée d'un motif quinoïd pour trois motifs aromatique.

forme aromatique

forme quinoïd

Suite à ces changements dans les constantes de forces des liaisons entre les structures aromatique et quinoïd, les fréquences des vibrations de ces liaisons seront différentes entre les états oxydé et réduit du polymère.

Effectivement, deux films de PPy synthétisés en milieu $\{CH_3CN + N(Et)_4Tos +$ pyrrole 0.3 M}sur électrodes de zinc prétraitées ont été analysés par spectroscopie infra-rouge sous les deux formes oxydée et réduite, et les spectres obtenus sont très différents (Fig. 24). Le film oxydé est obtenu directement après électrosynthèse et le film réduit correspond au même film traité par immersion dans une solution d'ammoniaque 20% pendant 15 min.

Globalement tous les pics caractéristiques des vibrations du PPy décrits dans la littérature dans le cas de films électrodéposés sur Pt sont présents sur les spectres de la figure 24. Les bandes situées à 768, 947 et 963 cm^{-1} dans le spectre de la forme oxydée et à 777 et 944 cm^{-1} dans le spectre de la forme réduite sont attribuées aux vibrations hors du plan des liaisons C-H. La bande fine à 1012 cm^{-1} et 1039 cm^{-1} pour les films oxydé et réduite respectivement est due aux vibrations de déformation dans le plan des liaisons N-H [50]. Les bandes d'intensités faibles situées à 1267 ; 1388 cm^{-1} pour l'échantillon oxydé et 1306 cm^{-1} pour l'échantillon réduit proviennent des vibrations d'élongation du noyau pyrrolique. Les vibrations d'élongation des doubles-liaisons C=C du noyau correspondent à la bande IR très intense située à 1600 cm^{-1} à l'état oxydé et à 1551 cm^{-1} à l'état réduit.

Par ailleurs, le domaine spectral compris entre 1300 et 1000 cm^{-1} dans le spectre de la forme oxydée du PPy comprend des bandes supplémentaires particulièrement les bandes fines à 1126 et 1084 cm^{-1}. Ces bandes absentes dans le spectre IR du PPy réduit sont attribuées à des vibrations de l'anion dopant tosylate [16,51].

L'effet du solvant a également été abordé dans cette section. Des films synthétisés dans les divers solvants organiques en présence de N(Et)$_4$Tos 0.1 M et de pyrrole 0.3 M sur des électrodes de zinc prétraitées ont été analysés sous leurs formes réduites et les spectres IR enregistrés sont superposés sur la figure 25. L'allure générale des spectres (Fig. 25) est identique à celui du PPy électrosynthétisé sur des métaux nobles tels que le platine. Cependant, les fréquences, les intensités relatives et les longueurs à mi-hauteur des bandes varient d'un solvant à un autre comme le montrent les valeurs des nombres d'onde (wavenumbers) inscrits sur chacun des spectres de la figure 25. Ces différences peuvent être attribuées à des changements structuraux dépendant du caractère acido-basique du solvant organique qui constitue le milieu électrolytique.

III.5- Spectroscopie Raman

La spectroscopie Raman est une méthode d'analyse complémentaire de la spectroscopie infra-rouge. En effet, certains modes de vibration non détectés par IR peuvent être actifs en Raman et vis versa. Partant de ce fait, nous avons trouvé nécessaire de compléter notre étude vibrationnelle par des analyses Raman des revêtements obtenus sur les électrodes de zinc prétraitées au sulfure de sodium.

Les spectres Raman excités dans le vert à λ_e = 514.5 nm avec une puissance laser de 5 mw de deux films de PPy oxydé et réduit électrosynthétisés sur électrodes de zinc prétraitées sont représentés ensemble sur la figure 26 Les positions des bandes et leurs attributions en accord avec les travaux de Faulques *et al.* [52] sont réunies sur le

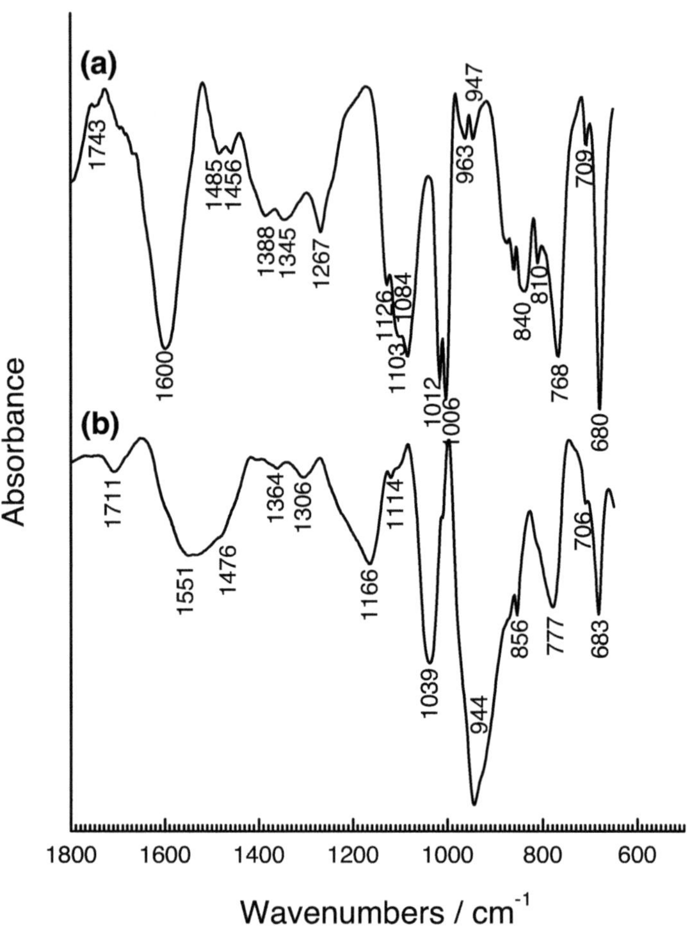

Figure 24 : Spectres IR de deux films de polypyrrole oxydé (a) et réduit (b) électrodéposés en milieu CH$_3$CN + N(Et)$_4$Tos 0.1M + pyrrole 0.3M sur électrodes de zinc prétraitées par immersion dans une solution aqueuse de Na$_2$S 0.2M pendant 12 heures.

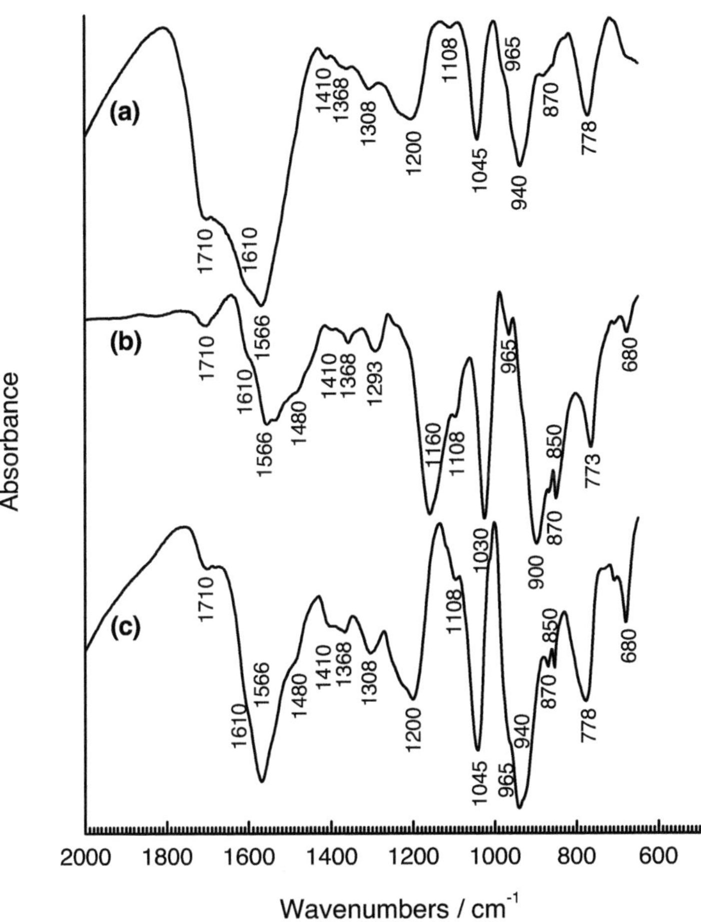

Figure 25 : Spectres IR de films réduits de PPy électrosynthétisés en milieu {solvant + N(Et)4Tos 0.1 M + pyrrole 0.3 M} sur électrodes de zinc prétraitées par immersion dans une solution aqueuse de Na₂S 0.2 M pendant 12 heures. Le solvant est : a) carbonate de propylène, b) nitrobenzène et c) acétonitrile.

tableau V. Des différences notables sont relevées entre les spectres Raman des formes oxydée et réduite du PPy. La bande principale située à 1575 cm^{-1} à l'état oxydé et à 1564 cm^{-1} à l'état réduit est attribuée au mode d'élongation des double-liaisons C=C du noyau pyrrolique. Lorsque le film est dopé cette bande se déplace vers les hautes fréquences en s'élargissant. Bukowska et Jakowska [53] ont attribué le déplacement en fréquence à la *qualité* de charge induite par dopage dans les chaînes du polymère. Ces auteurs ont supposé que les constantes de force des noyaux pyrrole formant le polymère pourraient être sensibles à la densité électronique sur le noyau, qui dépend de l'état d'oxydation du polymère.

La seconde caractéristique intéressante de cette bande est son élargissement lorsque le degré d'oxydation augmente. Pour mieux voir l'élargissement qui accompagne l'oxydation du polymère il faut avoir recours à une procédure de décomposition du massif en bandes. A première vue, on pourrait associer cet élargissement à des changements dans la distribution de la longueur de conjugaison en accord avec les travaux de Kuzmany *et al.* [54,55] sur le polyacétylène. En effet, plus le taux de dopage du polymère augmente plus le nombre de défauts de structure sur ses chaînes est élevé, ce qui engendre une distribution non uniforme des segments conjugués et conduit à des bandes Raman plus larges. Cependant, une analyse plus approfondie des spectres Raman met en évidence l'existence d'un épaulement du côté hautes fréquences de la bande principale. Ce massif est en fait constitué de la superposition de deux raies que nous avons attribuées au même mode d'élongation des double-liaisons C=C appartenant aux noyaux de structures aromatique et quinoïd. Lorsque le film de PPy est oxydé un certain nombre de noyaux passent de la forme aromatique à la forme quinoïd. Ce changement de structure des noyaux se traduit sur le spectre Raman par une croissance de l'épaulement hautes fréquences aux dépens de la composante basses fréquences d'où le déplacement et l'élargissement de ce massif.

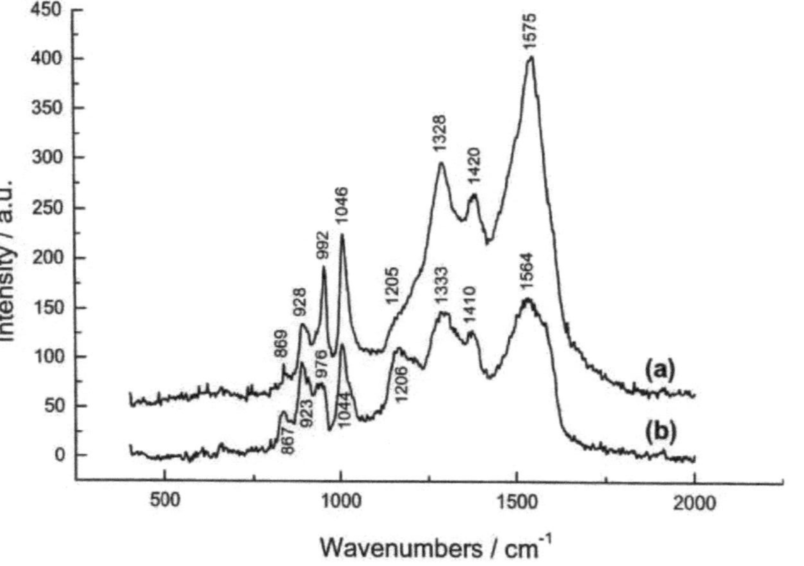

Figure 26 : Spectres Raman de deux films de polypyrrole oxydé (a) et réduit (b) électrodéposés en milieu CH$_3$CN + N(Et)$_4$Tos 0.1M + pyrrole 0.3M sur électrodes de zinc prétraitées par immersion dans une solution aqueuse de Na$_2$S 0.2M pendant 12 heures.

Tableau V : Fréquences et attributions des bandes Raman des formes oxydée et réduite du PPy électrodéposé sur zinc.

Nombres d'onde / cm^{-1}		Attributions
PPy^{ox} / Zn	PPy^{red} / Zn	
1575	1564	C=C ring stretching
1420	1410	C-N stretching
1328	1333	
1205	1206	
1046	1044	C-H in plane deformation
992	976	
928	923	C-H stretching
869	867	C-H out of plane deformation

IV- Conclusion

Dans ce chapitre nous avons montré que l'électropolymérisation du pyrrole sur zinc et alliages de zinc peut être réalisée dans des solvants organiques à caractère acide ou neutre, selon le concept d'acidité de Gutmann, en présence de *para*-toluène sulfonate de tétraéthylammonium (N(Et)$_4$Tos). Les films de polypyrrole ne sont obtenus que si les substrats zingués ont subit un traitement chimique préalable de leurs surfaces par immersion dans une solution aqueuse de sulfure de sodium (Na$_2$S 0.2 M) pendant une durée de 12 heures. Cependant, dans le cas de l'acétonitrile des films composites de PPy – oxydes de zinc peuvent être élaborés sur électrodes de zinc sans avoir recours au traitement de surface précité.

La morphologie des revêtements polymériques obtenus et leur adhérence varient en fonction de l'acidité du solvant et dépendent étroitement des conditions d'électrosynthèse. Effectivement, les films les plus homogènes et les plus adhérents sont obtenus en milieu CH$_3$CN ou PC en présence de N(Et)$_4$Tos en mode galvanostatique avec des densités de courant faibles.

Les analyses spectroscopiques par XPS, IR et Raman ont montré que les films de polypyrrole électrodéposés sur le zinc et les alliages de zinc ont globalement les mêmes caractéristiques structurales et composition élémentaire que ceux électrosynthétisés sur des substrats nobles tels que le platine.

[1] T.A. Skotheim (Ed), *Handbook of Conducting Polymers*, Marcel Dekker, New York, (1986).

[2] A.F. Diaz, J Crowley, J. Bargon, G.P. Crardini and J.B. Torrance, *J. Electroanal. Chem.*, **121** (1981) 355.

[3] A.F. Diaz, *Che24m. Scripta*, **17** (1981) 145.

[4] G. Tourillon and F. Garnier, *J. Electroanal. Chem.*, **135** (1982) 173.

[5] K. Kaneto, K. Yoshino and Y. Inuishi, *Jpn. J. Appl. Phys.*, **21** (1982) 567.

[6] R.J. Waltman, J. Bargon and A.F. Diaz, *J. Phys. Chem.*, **87** (1983) 1459.

[7] G. Tourillon and F. Garnier, *J. Phys. Chem.*, **87** (1983) 2289.

[8] J. Roncali, *Chem. Rev.*, **92** (1992) 771.

[9] W. Janssen and F. Beck, *Polymer*, **30** (1989) 353.

[10] M. Shirmeisen and F. Beck, *J. Appl. Electrochem.*, **19** (1989) 401.

[11] F. Beck and P. Hüsler, *J. Electroanal. Chem.*, **280** (1990) 159.

[12] P. Hüsler and F. Beck, *J. Appl. Electrochem.*, **20** (1990) 596.

[13] F. Beck and R. Michaelis, *J. Coatings Technol.*, **64** (1992) 59.

[14] C.A. Ferreira, S. Aeiyach, M. Delamar and P.C. Lacaze, *J. Electroanal. Chem.*, **284** (1990) 351.

[15] C.A. Ferreira, S. Aeiyach, M. Delamar and P.C. Lacaze, *Surf. Interf. Anal.*, **20** (1993) 749.

[16] B. Zaïd, S. Aeiyach and P.C. Lacaze, *Synth. Met.*, **65** (1994) 27.

[17] C.A. Ferreira, S. Aeiyach, J.J. Aaron and P.C. Lacaze, *Electrochim. Acta.*, **41** (1996) 1801.

[18] B. Zaïd, S. Aeiyach, P.C. Lacaze and H. Takenouti, *Electrochim. Acta.*, **43** (1998) 2331.

[19] M. Gazard, J.C. Dubois, M. Champagne, F. Garnier and G. Tourillon, *J. Phys. Paris Colloq.*, **3** (1983) 537.

[20] M. Gazard in *Handbook of conducting Polymers*, edited by T.A. Skotheim, Marcel Dekker, New York, Vol. **1** (1986) 683

[21] J. Petitjean, S. Aeiyach, C.A. Ferreira and P.C. Lacaze, *J. Electrochem. Soc.*, **142** (1995) 136.

[22] L.M. Goldenberg, S. Aeiyach and P.C. Lacaze, *Synth. Met.*, **51** (1992) 339.

[23] S. Hara, S. Aeiyach and P.C. Lacaze, *J. Electroanal. Chem.*, **364** (1994) 223.

[24] S. Aeiyach, P. Soubiran, P.C. Lacaze, G. Froyer and Y. Pelous, *Synth. Met.*, **68** (1995) 213.

[25] K.M. Cheung, D. Bloor and G.C. Stevens, *Polymer*, **29** (1988) 1709.

[26] C.A. Ferreira, S. Aeiyach, P.C. Lacaze, P. Bernard and H. Takenouti, *J. Electroanal. Chem.*, **223** (1992) 357.

[27] J. P. Marsault, K. Fraoua, S. Aeiyach, J. Aubard, G. Lévi and P. C. Lacaze, *J. Chim. Phys.*, **89** (1992) 1167.

[28] C.A. Ferreira, B. Zaïd, S. Aeiyach and P.C. Lacaze in P.C. Lacaze (Ed.), *Organic Coatings*, AIP Press, Woodbury, New York, 1996. p. 159-165.

[29] C.J. Vesely and D.W. langer, *Phys. Rev.*, *B*. **4** (1971) 451.

[30] C.D. Wagner, W.M. Riggs, L.E. Davis and J.F. Moulder, *Handbook of X-Ray Photoelectron Spectroscopy*, G.E. Mullenberg (Ed.), Perkin Elmer corp., Minnesota, (1978).

[31] C. Reichardt, *Solvents and solvants Effects in Organic Chemistry*, 2nd ed. VCH, Weinheim (1988).

[32] G. Deroubaix and P. Marcus, *surf. Interf. Anal.*, **18** (1992) 39.

[33] S. Aeiyach, B. Zaid and P.C. Lacaze, *Electrochim. Acta.*, **44** (1999) 2889.

[34] E.A. Bazzaoui, S. Aeiyach and P.C. Lacaze, *J. Electroanal. Chem.*, **364** (1994) 63.

[35] B. Krishe and M. Zagorska, *Synth. Met.*, **28** (1989) 257.

[36] B. Krishe and M. Zagorska, *Synth. Met.*, **28** (1989) 263.

[37] F. Beck, P. Braun and M. Oberst, *Ber. Bunsen-Ges. Phys. Chem.*, **91** (1987) 967.

[38] E.W. Tsai, S. Basak, J.P. Ruiz, J.R. Reynolds and K. Rajeshwar, *J. Electrochem. Soc.*, **136** (1989) 3683.

[39] X. R. Salameck, R. Erlandson, J. Prejza, J. Lundström and O. Inganäs, *Synth. Met.*, **5** (1983) 125.

[40] P. Pfluger and G.B. Street, *J. Chem. Phys.*, **80** (1984) 544.

[41] T.A. Skotheim, M.I. Florit, A. Melo and W.E. O'Grady, *Phys. Rev.*, *B*. **30** (1984) 4846.

[42] J.G. Eavers, H.S. Munro and D. Parker, *Polym. Commun.*, **28** (1987) 38.

[43] R. Erlansson, O. Inganäs, J. Lundström and W.R. Salaneck, *Synth. Met.*, **10** (1985) 303.

[44] M.V. Zeller and S.J. Hahn, *Surf. Interf. Anal.*, **11** (1988) 327.

[45] E.T. Kang, K.G. Neoh and K.L. Tan, *Surf. Interf. Anal.*, **19** (1992) 33.

[46] E.T. Kang, K.G. Neoh and K.L. Tan, *Adv. Polym. Sci.*, **106** (1993) 135.

[47] V.W.L. Lim, S. Li, E.T. Kang, K.G. Neoh and K.L. Tan, *Synth. Met.*, **106** (1999) 1.

[48] J. Lei, Z. Cai and C.R. Martin, *Synth. Met.*, **46** (1992) 53.

[49] E.T. Kang, K.G. Neoh, Y.K. Org, K.L. tan and B.T.G. Tan, *Synth. Met.*, **39** (1990) 69.

[50] K.M. Cheung, D. Bloor, G.C. Stevens, *Polymer*, **29** (1988) 1709.

[51] J.O. Iroh and G.A. Wood, *Composites Part B*, 29B (1998) 181.

[52] E. Faulques, W. Walhonofer and H. Kuzmany, *J. Chem. Phys.*, **90** (1989) 7585.

[53] J. Bukowska and K. Jackowska, *Synth. Met.*, **35** (1990) 143.

[54] P. Meisterle, H. Kuzmany and G. Nauer, *Phys. Rev. B*, **29** (1984) 6008.

[55] H. Kuzmany, *Pure Appl. Chem.*, **57** (1985) 235.

Chapitre IV

Electropolymérisation du pyrrole sur zinc et alliages de zinc en milieu aqueux de tartrate de sodium

I- Introduction

Dans le chapitre III nous avons étudié l'électropolymérisation du pyrrole en milieu organique sur zinc et alliages de zinc. Plusieurs solvants organiques et sels électrolytiques ont été utilisés et diverses techniques d'électrosynthèse ont été employées.

Cependant, d'un point de vue économique et écologique, ces milieux électrolytiques organiques présentent plusieurs inconvénients. En effet, économiquement, le coût des solvants organiques et des électrolytes supports qui y sont solubles est relativement élevé. Ecologiquement, la majorité de ces milieux organiques présentent des degrés élevés de toxicité et sont donc polluants pour l'environnement; ce qui nécessite leur manipulation avec beaucoup de précautions.

Tous ces inconvénients constituent incontestablement un obstacle sérieux, qui pourrait être un handicap vers d'éventuelles applications industrielles. Il s'ajoute à ces difficultés le fait que le zinc est caractérisé par un potentiel d'oxydation très négatif, ce qui provoquerait la dissolution de l'électrode avant que le potentiel d'oxydation du pyrrole soit atteint et inhiberait la réaction d'électropolymérisation. Il s'est donc avéré nécessaire de trouver de nouveaux milieux électrolytiques permettant de réaliser l'électrosynthèse de films de PPy sur le zinc et ses alliages tout en minimisant les frais des opérations d'électrosynthèse et en préservant l'environnement de la pollution.

Partant de ces revendications, le milieu aqueux s'est révélé le meilleur candidat susceptible de remplir ce rôle. Or précisément, le pyrrole et contrairement au thiophène et au benzène est caractérisé par un potentiel d'électropolymérisation relativement bas et situé dans le domaine d'électroactivité de l'eau qui s'étend de 0 à 1.23 V/ENH correspondant à la réduction des protons ($H^+ + e^- \rightarrow 1/2\ H_2$) et l'oxydation de l'eau ($H_2O \rightarrow 1/2O_2 + 2H^+ + 2e^-$) respectivement.

Le besoin de trouver de nouvelles procédures d'électrosynthèse et de traitements chimiques ou électrochimiques en milieux aqueux s'impose, et durant ces dernières années des travaux peu nombreux consacrés à l'électropolymérisation du pyrrole sur zinc en milieu aqueux ont été rapportés.

Des films homogènes et très adhérents de PPy ont été obtenus en solution aqueuse d'oxalate de sodium sur électrode de zinc ayant subi un traitement préalable au sulfure de sodium [1-3]. L'adhérence des films obtenus dans ce milieu diminue remarquablement, mais peut être améliorée après cuisson du film de PPy. Les mêmes auteurs ont montré qu'il était possible de réaliser l'électropolymérisation du pyrrole en milieu aqueux d'oxalate de sodium après une étape préliminaire de polarisation anodique de l'électrode de zinc à 0.35 mA cm^{-2} pendant 3 min dans une solution de Na$_2$S 0.2 M [2]. Il ont ensuite amélioré cette technique d'électropolymérisation en la réduisant à une seule étape [4] qui consiste à oxyder anodiquement le pyrrole dans une solution d'oxalate de sodium contenant une faible quantité de sulfure de sodium à pH 5.

Par ailleurs, des solutions aqueuses à base de salicylates ont été également utilisées et ont permis d'électrosynthètiser des films de PPy avec des vitesses de dépôt élevées (environ 1 μm d'épaisseur par seconde) [5,6].

De notre côté, nous exposerons dans ce chapitre un nouveau procédé d'élaboration de couches épaisses, homogènes et très adhérentes de PPy sur zinc et alliages de zinc sans passer par l'étape préliminaire de passivation chimique ou électrochimique de la surface de l'électrode. Nous étendrons ensuite cette technique à d'autres types de métaux et alliages oxydables tels que le fer, le nickel et le laiton.

II- Electropolymérisation du pyrrole sur zinc et alliages de zinc en milieu aqueux

L'étude du processus d'électrosynthèse du polypyrrole sur zinc et alliages de zinc a été réalisée dans une solution aqueuse de tartrate de sodium Na$_2$C$_4$H$_4$O$_6$ 0.2 M en présence de pyrrole 0.5 M.

Au préalable, le comportement électrochimique de ces substrats métalliques a été contrôlé dans le même milieu électrolytique en absence du pyrrole.

II.1- Comportement électrochimique du zinc et alliages de zinc en milieu {$H_2O + Na_2C_4H_4O_6$ 0.2 M}

II.1.1- Cas du zinc

Les courbes voltampérométriques enregistrées entre -1.25 et 2 V *vs.* Ag/AgCl dans le cas d'une électrode de zinc en milieu { $H_2O + Na_2C_4H_4O_6$ 0.2 M} avec une vitesse de balayage de 100 mV s^{-1} (Fig. 1a) fait apparaître lors du premier balayage de potentiel un comportement anodique complexe. On observe en particulier un pic d'oxydation situé vers -0.75 V *vs.* Ag/AgCl dont l'intensité diminue lorsque le nombre de cycles successifs augmente. Lors du second balayage de potentiel un second pic anodique apparaît vers 0.65 V *vs.* Ag/AgCl et disparaît ensuite au cours des cycles suivants. Un film gris se forme à la surface de l'électrode du zinc.

Afin d'expliquer ce comportement électrochimique du zinc, les mêmes expériences ont été reproduites sur des électrodes constituées de métaux nobles, le platine (Fig. 1b) et l'or (Fig. 1c). Les voltammogrammes obtenus sur l'électrode de Pt après polarisation entre -0.8 et 1.4 V *vs.* Ag/AgCl dans le même milieu électrolytique et avec la même vitesse de balayage de potentiel que dans le cas du zinc sont caractérisés par un pic d'oxydation vers 0.65 V *vs.* Ag/AgCl au premier balayage. De la même manière, sur électrode d'or l'allure de la courbe i = f(E) est semblable à celle enregistrée sur Pt avec un léger déplacement du pic anodique vers les potentiels positifs. Par analogie avec l'étude réalisée sur l'oxydation électrochimique de l'acide tartrique sur nickel [7] ce pic pourrait être attribué à l'adsorption de l'ion tartrate à la surface de l'électrode de travail. L'hypothèse d'adsorption des tartrates est renforcée

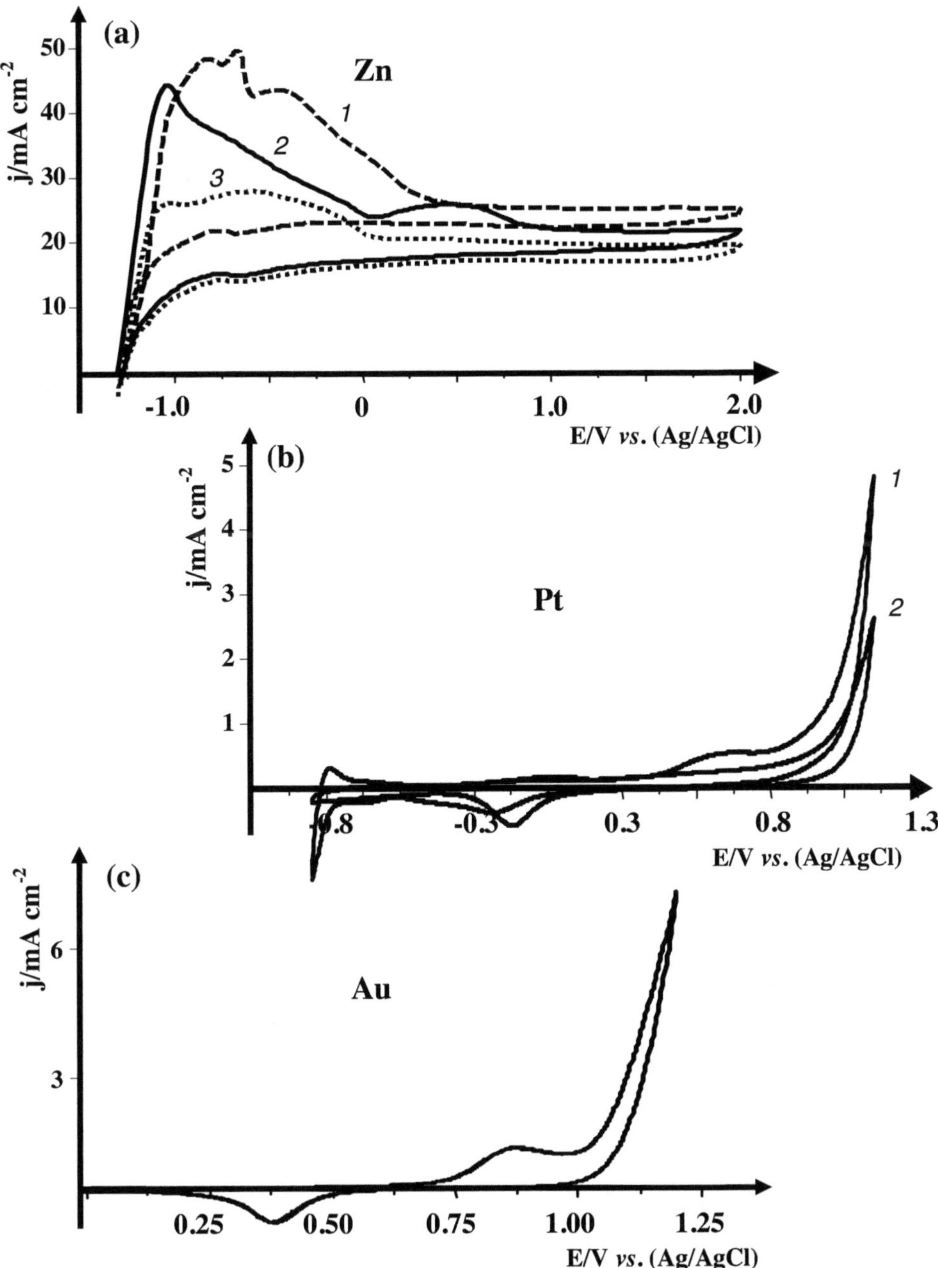

Figure 1: Courbes voltammétriques j-E obtenues en milieu $H_2O + Na_2C_6H_4O_6$ 0.2 M, sur électrodes de zinc (a), de platine (b) et d'or (c). Vitesse de balayage $V_b = 100$ mV s^{-1}

par le fait que l'intensité de ce pic augmente lorsque la température de la solution électrolytique augmente (Fig. 2).

Pour mieux identifier la couche de passivation formée sur le zinc, nous avons analysé par XPS la composition élémentaire de la surface de l'électrode après polarisation en milieu tartrate de sodium.

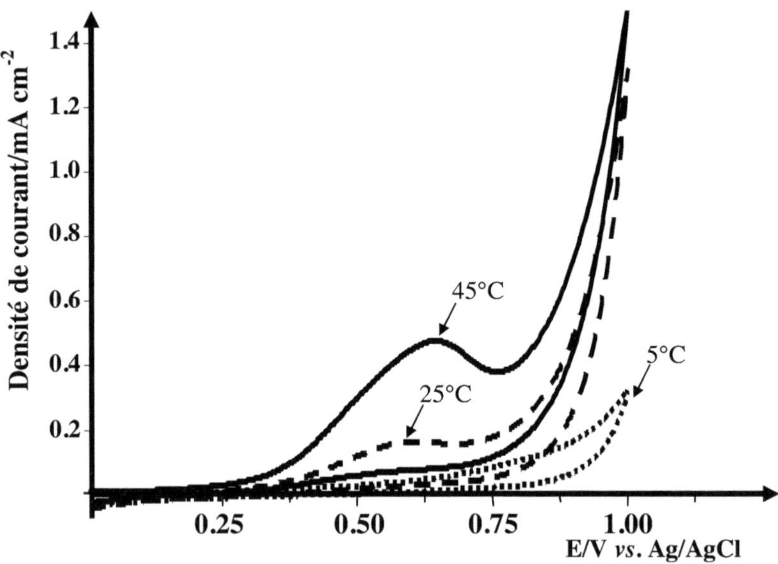

Figure 2 : Influence de la température sur l'allure des courbes voltammétriques j-E obtenues sur électrode de platine en milieu H_2O + $Na_2C_4O_6H_4$ 0.2 M. Vitesse de balayage : V_b = 100 mV s^{-1}.

Comme il est rapporté dans la littérature, la distinction entre le zinc métallique et le zinc oxydé dans le signal XPS de Zn 2p est très difficile à cause de la faible différence entre leur énergie de liaison (environ 0.4 eV). Ces deux états d'oxydation (Zn (0) et Zn (II)) sont facilement distingués dans le spectre Auger du zinc ou leur différence d'énergie cinétique est d'environ 3.7 eV [8,9]. Nous avons présenté sur la figure 3a le spectre Auger en fonction de α (paramêtre Auger) du zinc après

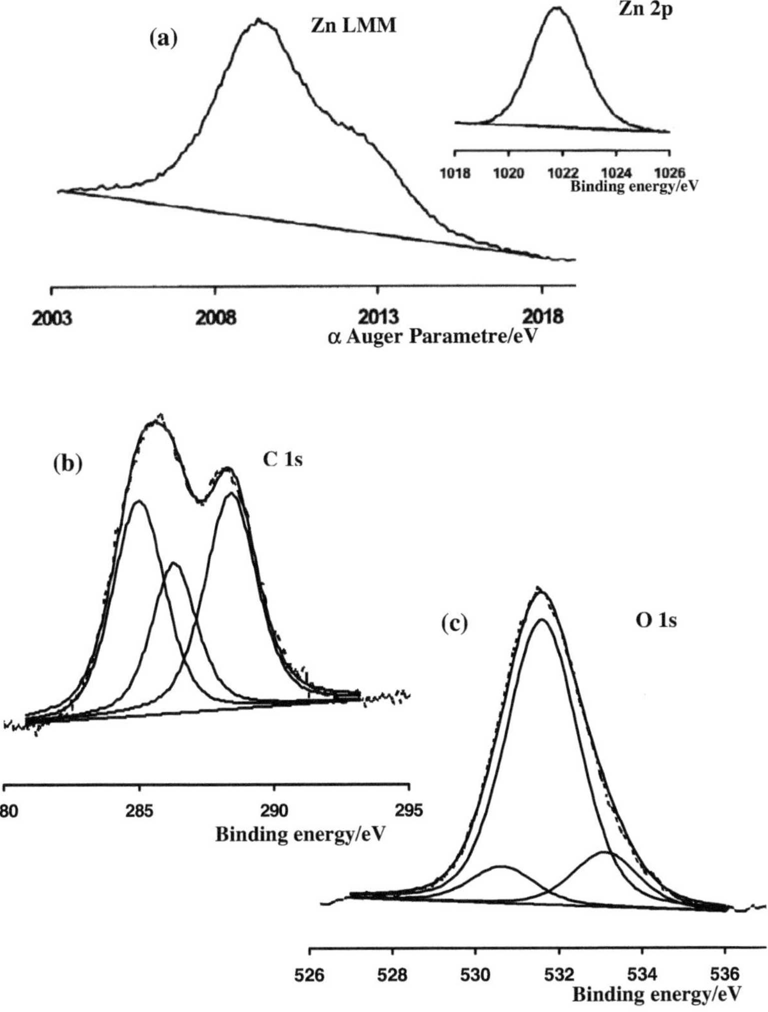

Figure 3: Spectres Auger et XPS de la couche de passivation formée sur électrode de zinc après 10 balayages cycliques de potentiel à 100 mV s^{-1} en milieu {H_2O + $Na_2C_4H_4O_6$ 0.2M}.
a) Signal Auger Zn LMM et en médaillon le signal XPS Zn 2p b) signal XPS C 1s et C) signal XPS O 1s.

10 balayages cycliques de potentiel entre -1.1 et 2 V *vs.* Ag/AgCl en milieu $Na_2C_4H_4O_6$ 0.2 M. Le paramètre α est calculé en utilisant la relation ci-dessous :

$$\alpha = E \text{ (spectre XPS du Zn 2p)} - E \text{ (spectre Auger)} + h\nu \qquad [10]$$

E est l'énergie de liaison (en eV) et hν énergie du faisceau incident (1253 eV).

En comparant les valeurs du paramétre α du spectre Auger avec celle rapportées dans la littérature [11] on peut conclure que presque la totalité du zinc présent dans la couche de passivation se trouve à un degré d'oxydation +II.

D'autre part, le signal C 1s (Fig 3b) comprend trois composantes à 285, 286.3 et 288.4 eV attribuées respectivement aux atomes de carbone des groupements C-C appartenant à l'anion dopant, C-O de l'anion dopant et C=O présent dans les différents contaminants de la surface respectivement.

Enfin, le signal XPS de l'oxygène O1s (Fig. 3c) se compose de trois pics, le plus intense situé à 531.7 eV est attribué à l'oxygène du tartrate. Ce pic est caractérisé par deux épaulements ; le premier à 530.6 eV associé à l'oxyde de zinc et le second à 533.6 eV peut être attribué aux traces d'eau piégées dans la couche de passivation [12].

En se basant sur les résultats XPS et les observations faites sur les électrodes constituées de métaux nobles et sur l'électrode de zinc, on peut interpréter le comportement électrochimique du zinc en milieu aqueux $Na_2C_4H_4O_6$ 0.2 M d'une oxydation de la surface du zinc (pic situé entre -1 et -0.75 V *vs.* Ag/AgCl sur (Fig. 1a) suivie par une complexation des cations métalliques par des anions de l'électrolyte support pour former une couche de passivation de tartrate de zinc (film gris) qui inhibe progressivement l'oxydation de la surface de l'électrode selon la reaction $C_4H_4O_6^{2-} + Zn^{2+} \rightarrow ZnC_4H_4O_6$. Cette passivation est traduite par la chute de courant au cours des balayages de potentiel successifs (Fig. 1a).

II.1.2- Cas des alliages de zinc

Le comportement électrochimique d'une électrode d'alliage de zinc B en milieu aqueux $Na_2C_4H_4O_6$ 0.2 M (Fig. 4a) est analogue à celui enregistré sur une électrode de plomb pur (Fig. 4b). Le voltammogramme obtenu dans le cas de l'alliage de zinc B présente un pic vers -0.6 V *vs*. Ag/AgCl correspondant à l'oxydation du plomb qui se trouve à 60% dans cet alliage.

Par ailleurs, l'allure des courbes i = f(E) associée à l'alliage de zinc A dans les mêmes conditions est complexe et pourrait correspondre aux oxydations simultanée de zinc et d'argent qui sont les constituants majoritaires de cet alliages (Fig. 4c).

Ce qu'il faut noter dans le cas des deux alliages de zinc c'est le phénomène de passivation qui est traduit par la diminution du courant au cours des balayages successifs de potentiel. Cette passivation résulte du dépôt d'une couche formée par la combinaison entre les ions tartrates et les produits d'oxydation des alliages.

II.2- Electropolymérisation du pyrrole sur zinc et alliages de zinc en milieu {H_2O + $Na_2C_4H_4O_6$ 0.2 M + pyrrole 0.5 M}

L'électropolymérisation du pyrrole est effectuée en milieu aqueux $Na_2C_4H_4O_6$ 0.2 M en présence de pyrrole 0.5 M. Ce milieu s'est avéré particulièrement favorable pour le zinc et ses alliages en conduisant à un ralentissement important de la corrosion de ces matériaux malgré qu'ils n'ont pas subit un traitement de passivation préalable, comme dans le cas des expériences réalisées en milieu organique (chapitre II).

Compte tenu de ces éléments positifs, nous avons envisagé de comparer les possibilités d'électrodéposition de films de PPy selon les trois méthodes électrochimiques : potentiodynamique, galvanostatique et potentiostatique.

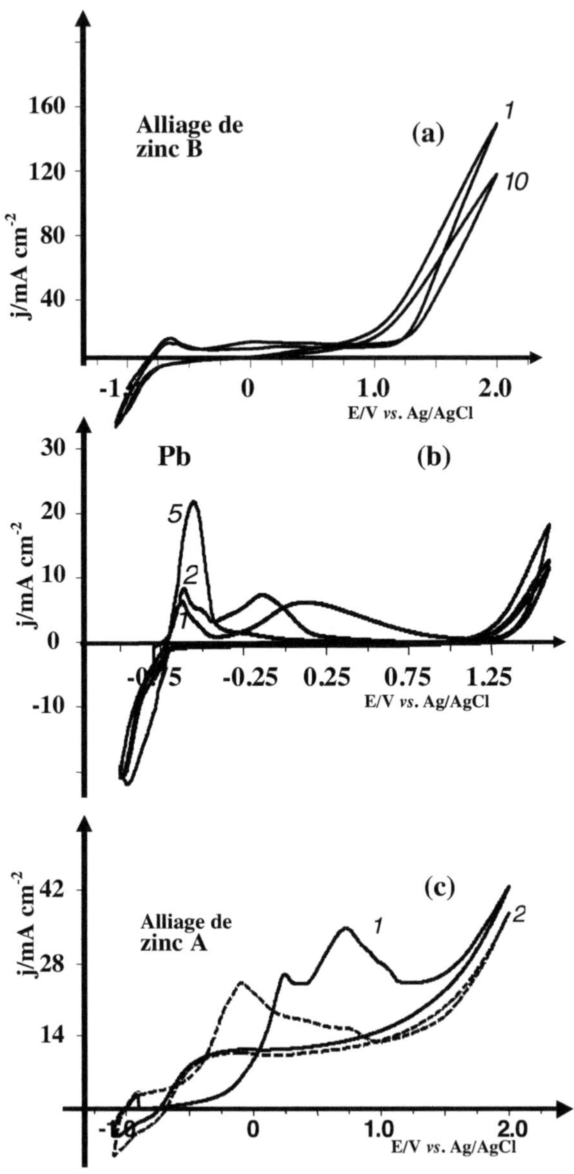

Figure 4 : Courbes voltammétriques j-E obtenues en milieu $H_2O + Na_2C_6O_6H_4$ 0.2 M sur électrodes d'alliage de zinc B, de plomb et d'alliage de zinc A. Vitesse de balayage $V_b = 100$ mV s^{-1}.

II.2.1- Voltammetrie cyclique

En présence du pyrrole dans le milieu électrolytique, l'allure des courbes voltampérométriques du zinc et alliages de zinc change intégralement par rapport à celui observé en absence du monomère.

Pour commencer, et à titre comparatif nous décrivons les courbes i = f(E) obtenues dans les mêmes conditions sur un métal noble, le platine. Les voltammogrammes d'électropolymérisation du pyrrole sur platine en milieu aqueux $Na_2C_4H_4O_6$ 0.2 M en présence de pyrrole 0.5 M sont représentés sur la figure 5a. Le processus électrochimique commence par un courant nul jusqu'à un potentiel de 0.5 V *vs.* Ag/AgCl ou commence à se développer progressivement une vague anodique. Au fur et à mesure que le nombre de balayages de potentiel augmente, l'intensité du pic anodique augmente en raison de la croissance d'un film de polypyrrole à la surface de l'électrode. Un film noir de PPy épais et adhérent couvre la totalité de la surface de la plaque de Pt.

Dans le cas d'une électrode de zinc (Fig. 5b) le balayage de potentiel entre −1.1 et 2.0 V *vs.* Ag/AgCl avec une vitesse de balayage de 100mV s^{-1} commence au premier cycle par un pic anodique bien défini à −1.0 V *vs.* Ag/AgCl. Ce pic est le même que celui observé au même potentiel en absence du pyrrole et est attribué à l'oxydation du zinc. Immédiatement après ce pic le courant chute et prend des valeurs très faibles ; l'électrode se trouve passivée et ce domaine de passivation s'étend jusqu'au potentiel d'arrivée 2.0 V *vs.* Ag/AgCl. Au cours des balayages de potentiel suivant le pic d'oxydation du zinc disparaît et une vague identique à celle observée dans le cas de l'électrode de Pt se développe dans la zone de passivation. Le processus d'électropolymérisation commence donc par la passivation de l'électrode de zinc, ce qui permet d'atteindre le potentiel d'électropolymérisation sans être confronté au problème de dissolution de l'électrode de travail et conduit à la formation d'un film noir de PPy uniforme et adhérent.

Concernant les alliages de zinc A et B, les voltammogrammes enregistrés entre −1.1 et 2.0 V *vs.* Ag/AgCl ont des comportements relativement identiques (Figs. 5c et 5d).

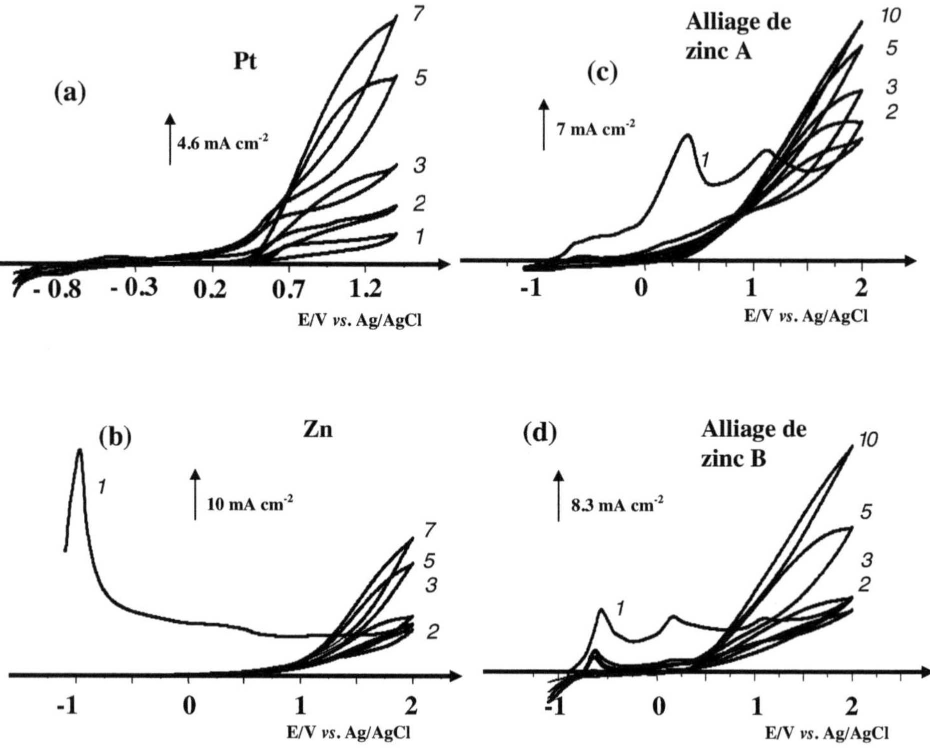

Figure 5 : Courbes voltammétriques j-E obtenues en milieu H_2O + $Na_2C_6O_6H_4$ 0.2 M + pyrrole 0.5 M sur électrodes de platine (a), de zinc (b) et d'alliages de zinc A et B (c et d). Vitesse de balayage $V_b = 100$ mV s⁻¹.

Après un premier cycle dont l'allure complexe correspond à la fois à l'oxydation des constituants de l'alliage et à des phénomènes d'adsorption et de formation d'une couche de passivation, le comportement électrochimique de l'électrode de zinc devient semblable à celui du Pt. Par conséquent, sur les deux alliages, des films noirs de PPy homogènes et adhérents se forment.

II.2.2- Mode galvanostatique

Différentes densités de courant ont été imposées aux électrodes de zinc et alliages de zinc A et B dans les mêmes conditions de milieu {H_2O + $Na_2C_4H_4O_6$ 0.2 M + pyrrole 0.5 M}. Comme prévu, les courbes potentiel-temps varient considérablement en fonction des densités de courant appliquées.

A l'instar de la voltammetrie cyclique, nous commençons ici pour exposer le cas d'une électrode de Pt à titre comparatif. Dans le cas du Pt (Fig. 6A) l'électropolymérisation par voie galvanostatique a lieu même pour des densités de courant très faibles. En effet, une densité de courant de 0.1 mA cm^{-2} appliquée à l'électrode de Pt est suffisante pour conduire à la formation d'un film marron et mince de PPy. A partir de j = 0.5 mA cm^{-2} un film noir homogène et adhérent est obtenu. L'épaisseur de ce film peut être contrôlée afin d'obtenir des films de plus en plus épais en augmentant le temps de polarisation ou la valeur de densité de courant.

Dans le cas du zinc (Fig. 6B) et pour des densités de courant j $\leq$ 5 mA cm^{-2}, le potentiel se stabilise à −1.1 V *vs.* Ag/AgCl correspondant à la dissolution du métal. Ainsi, la réaction d'électropolymérisation se trouve inhibée. Pour des valeurs plus importantes de densité de courant le potentiel se fixe à des valeurs supérieures au potentiel d'oxydation du pyrrole et la réaction d'électropolymérisation se déclenche. Il faut signaler que pour ces valeurs de densités de courant le processus d'électropolymérisation passe par une étape préliminaire correspondant au phénomène de germination c à d à la formation des premiers germes de polymère sur les sites actifs de l'électrode de zinc. Ces germes croissent jusqu'à couvrir la totalité

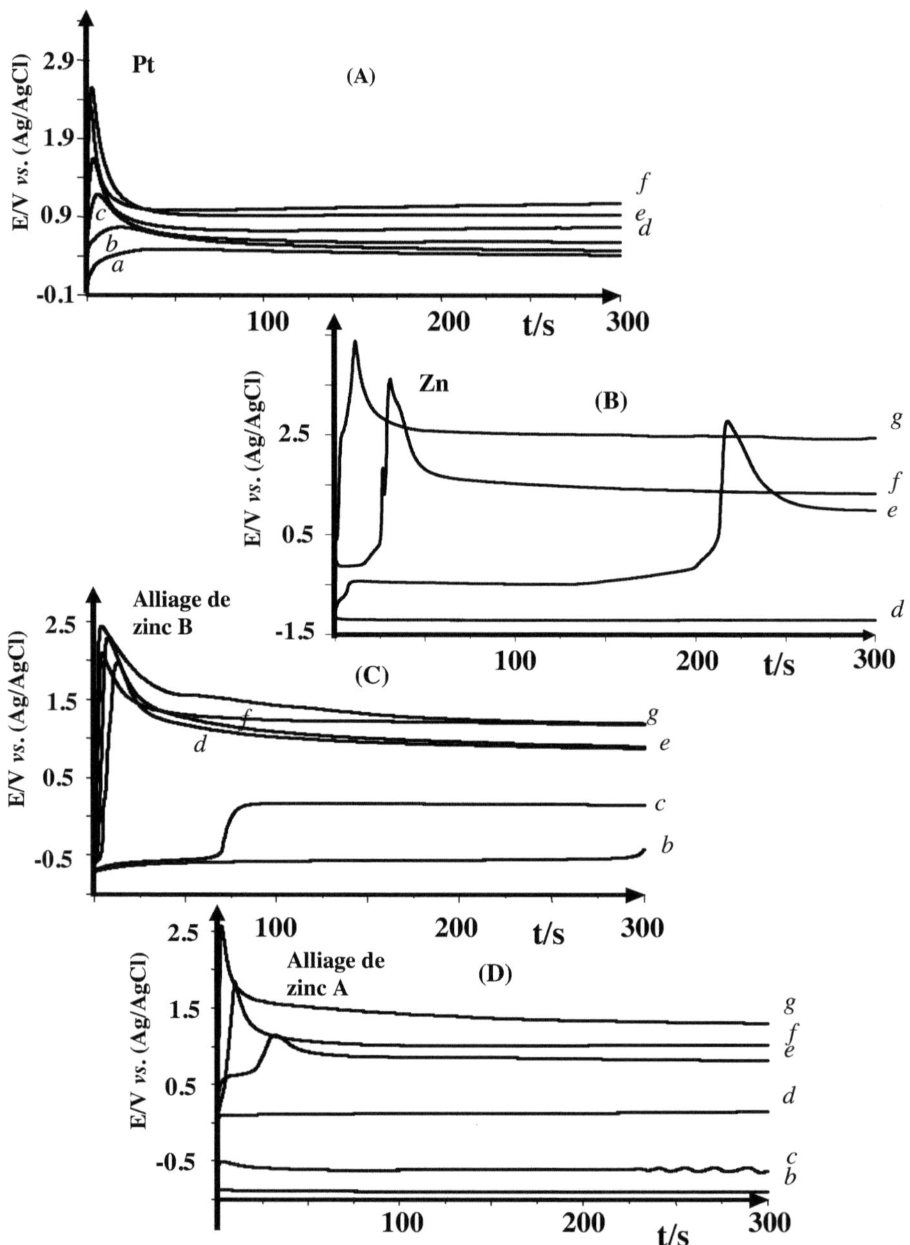

Figure 6 : Courbes chronopotentiométriques obtenues en milieu {H_2O + $Na_2C_4H_4O_6$ 0.2M + pyrrole 0.5 M} sur électrodes de platine (A), de zinc (B) et d'alliages de zinc A et B (C et D). a) 0.1 mA cm^{-2}, b) 0.5 mA cm^{-2}, c) 1 mA cm^{-2}, d) 5 mA cm^{-2}, e) 10 mA cm^{-2}, f) 15 mA cm^{-2} et g) 25 mA cm^{-2}

de la surface de l'électrode. A ce niveau le potentiel se stabilise sur un palier et l'électropolymérisation se fait d'une manière uniforme et régulière. Il reste à signaler que la durée de l'étape de germination dépend de la valeur de densité de courant imposée; plus cette valeur est élevée plus le temps de germination est court.

De la même manière, dans le cas de l'alliage de zinc B (Fig. 6C) lorsque la densité de courant j est inférieure à 5 mA cm^{-2}, les courbes chronopotentiometriques E = F(t) évoluent vers des paliers dont les valeurs de potentiel sont inférieures à celle de l'oxydation du pyrrole, ce qui ne permet pas la formation du polymère. Mais, dès que la valeur de j est maintenue supérieure ou égale à 5 mA cm^{-2} un film de PPy homogène et adhérent couvre la surface de l'électrode de travail.

Cette valeur seuil de densité de courant qui permet de réaliser la réaction d'électropolymérisation et d'obtenir un film homogène de PPy est plus importante dans le cas de l'alliage de zinc A (Fig. 6D). Effectivement, il faut imposer une densité de courant d'au moins 10 mA cm^{-2} à l'électrode d'alliage de zinc A pour atteindre le potentiel d'oxydation du pyrrole et favoriser la croissance d'un film homogène et adhérent de PPy.

En conclusion, il ressort de cet ensemble de résultats que la technique galvanostatique, qui permet de mieux contrôler la cinétique globale de l'électrolyse, est beaucoup mieux adaptée que la technique potentiodynamique pour réaliser l'électropolymérisation du pyrrole sur le zinc et ses alliages. Les courbes E = f(t) enregistrées à diverses densités de courant imposées semblent indiquer qu'il est nécessaire de créer instantanément un très grand nombre de sites actifs sur la surface de l'électrode de travail pour pouvoir initier l'électropolymérisation et obtenir des films qui recouvrent toute la surface de l'électrode, ce qui est réalisé à partir d'un seuil de densité de courant propre à chaque substrat.

II.2.3- Mode potentiostatique

Lors des expériences de voltammetrie cycliques nous avions constaté que le potentiel d'électropolymérisation dépendait de la nature du métal qui constitue l'électrode de travail. Partant de ce fait, nous avons entrepris d'étudier par la méthode potentiostatique l'oxydation du pyrrole sur électrodes de zinc et alliages de zinc en imposant des valeurs de potentiel qui encadrent la zone d'oxydation du monomère et de comparer les résultats obtenus à ceux d'une électrode de platine.

Sur l'électrode de Pt (Fig. 7a), le potentiel à partir duquel un film homogène de PPy se forme est de 0.6 V *vs*. Ag/AgCl. Les courbes j = f(t) sont caractérisées par une première étape transitoire pendant laquelle la densité de courant augmente progressivement avant de se stabiliser sur un palier dont l'intensité dépend du potentiel imposé. La durée de dette étape préalable dépend du potentiel imposé elle est d'environ 250 s pour E_{imp} = 0.6 V et quasi-instantanée (moins d'une dizaine de secondes) pour E_{imp} = 2 V.

Lorsque l'électrode de travail est en zinc ou alliages de zinc A et B, la valeur seuil qui conduit à l'électrodéposition du polypyrrole est 0.8 V dans les trois cas (Figs. 7b, 7c et 7d) Les films obtenus par cette technique sur ces substrats oxydables sont homogènes à partir de 0.8 V sauf pour l'alliage de zinc B où une bonne homogénéité du revêtement n'est obtenue que pour des potentiels imposés supérieurs à 1.0 V.

L'ensemble de ces données dont les valeurs de potentiel imposées, les densités de courant des paliers d'électropolymérisation et une description de l'homogénéité des films sur les quatre types d'électrodes sont réunies sur le tableau I.

II-3 Rendement faradique de la réaction d'électropolymérisation

Le rendement faradique d'électropolymérisation correspond à la portion de charge qui sert réellement à la formation du film de PPy. Avant d'exposer les valeurs calculées pour chaque substrat nous rappelons la méthode utilisée pour évaluer le

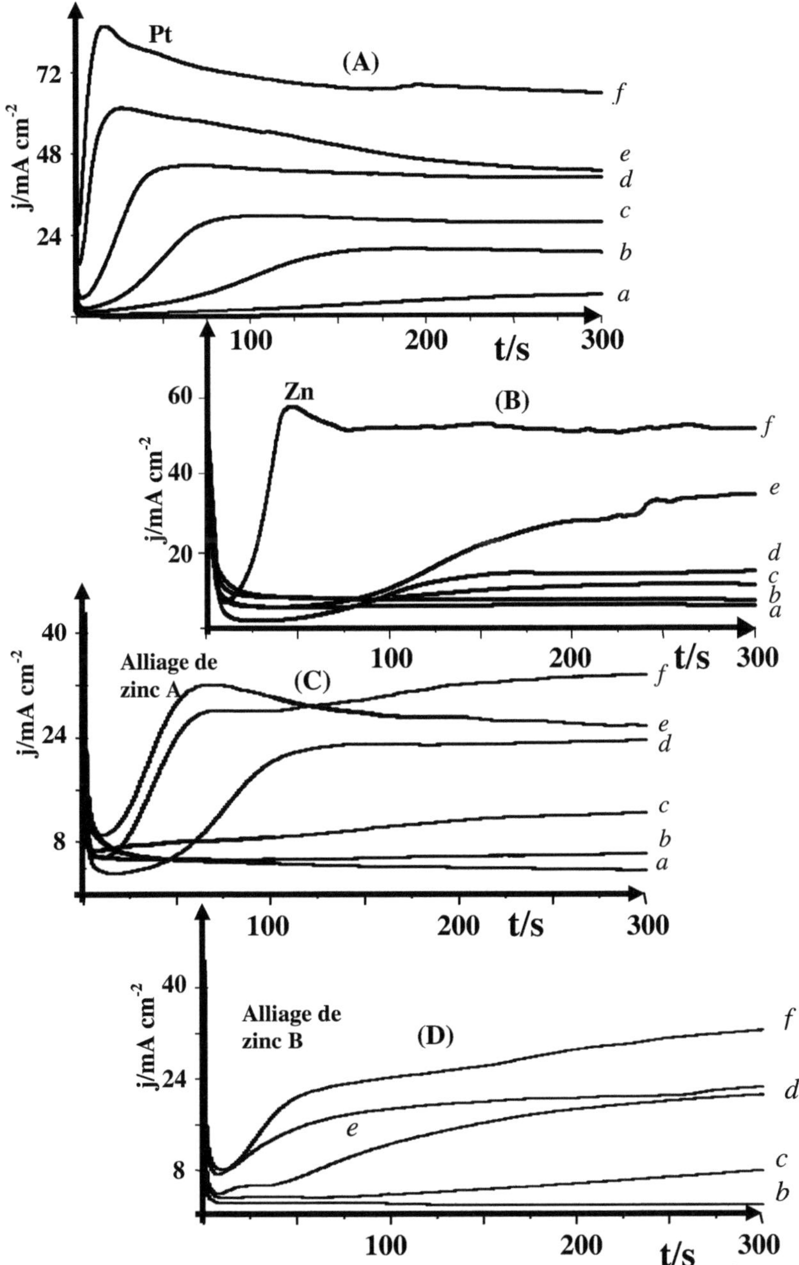

Figure 7 : Courbes chronoampérométriques obtenues sur électrodes de Pt (A), Zn (B) et alliages de zinc A et B (C et D) en milieu {H_2O + $Na_2C_6H_4O_6$ 0.2 M + pyrrole 0.5 M}.(a) 0.6V, (b) 0.8 V, (c) 1 V,(d) 1.2 V, (e) 1.4 V et (f) 2 V.

Tableau I: Electropolymérisation du pyrrole par méthode potentiostatique en milieu $H_2O + Na_2C_4O_6H_4$ 0.2M + pyrrole 0.5M sur platine, zinc et alliage de zinc A et B.

Potentiel Appliqué	Platine			Zinc			Alliage de zinc A			Alliage de zinc B		
V/(Ag/AgCl)	J/mAcm^{-2}	Formation de PPy	Homogénéité	J/mAcm^{-2}	Formation de PPy	Homogénéité	J/mAcm^{-2}	Formation de PPy	Homogénéité	J/mAcm^{-2}	Formation de PPy	Homogénéité
0.6	6.0	O	+	10	N		4.5	N		3.0	N	
0.8	18	O	+	12	O	+	6.0	O	+	3.5	O	−
1.0	25	O	+	18	O	+	12	O	+	9.5	O	+
1.2	41	O	+	21	O	+	18	O	+	19	O	+
1.4	45	O	+	25	O	+	21	O	+	21	O	+

O : *Formation d'un film de polypyrrole*
N : *Pas de formation de film de polypyrrole*
+ : *Film homogène*
− : *Film inhomogène*

rendement faradique d'électropolymérisation du pyrrole en se basant sur les travaux de Beck *et al.* [13].

Le polypyrrole est formé par couplage anodique en positions α-α' des noyaux du pyrrole. Le processus global d'électropolymérisation peut être schématisé comme suit :

$$p \; \text{(pyrrole)} + y\,p\,A^{-} \longrightarrow \text{(polypyrrole)}_p + (p-1)\,H^{+} + \left[\, p\,(2-y)-2 \,\right] e^{-}$$

Où p est le degré de polymérisation et y le taux de dopage. A^{-} est l'anion dopant qui s'insère dans la matrice du polymère pour compenser la charge positive. En partant de ce model [14] le rendement faradique γ peut être déterminé par gravimétrie :

$$\gamma = \frac{m}{m_{th}} \qquad (1)$$

m étant la masse du polypyrrole déposé et m_{th} la masse théorique correspondant à la totalité de la charge passée si celle-ci servait entièrement à former le polymère.

Or en réalité la charge passée Q est composée de deux portions Q_0 correspondant à la période transitoire dans laquelle l'électrode se dissous et Q_1 correspondant au plateau d'électropolymérisation.

$$Q = Q_0 + Q_1 \qquad (2)$$

Si on considère Δm la variation de masse de l'électrode avant et après dépôt du polymère, j la densité de courant ($Q_0 = j.\tau$), M_{met} la masse atomique du substrat qui constitue l'électrode, M_M et M_A les masses moléculaires du monomère et de l'anion dopant respectivement, τ le temps de polarisation et Z la charge du cation métallique on peut écrire :

$$m = \Delta m + \frac{\tau.j}{ZF} M_{met} \qquad (3)$$

et

$$m_{th} = \frac{Q_1}{(2 + y)F} (M_M + yM_A) \qquad (4)$$

La combinaison de ces quatre équations donne :

$$\gamma = \frac{(2 + y)(\Delta mF + \tau jM_{met} / Z)}{Q_1(M_M + yM_A)} \qquad (5)$$

Dans le cas des alliages de zinc on fait intervenir également la composition élémentaire de l'alliage pour évaluer le rendement faradique d'électropolymérisation. Les valeurs calculées dans le cas de chaque substrat en se basant sur la méthode ci-dessus sont rassemblées sur le tableau II.

Tableau II : Rendements faradique d'électropolymérisation calculés pour des électrodes de zinc et d'alliages de zinc A et B.

Substrat	Rendement faradique
Zinc	50%
Alliage de zinc A	65%
Alliage de zinc B	85%

En conclusion, de cet ensemble de résultats il ressort que sur électrode de zinc la moitié de la charge imposée à l'électrode sert à former le film de PPy et l'autre moitié est perdue dans des réactions secondaires comme celle de l'oxydation de l'électrode et la formation de la couche de passivation. Il faut remarquer également que plus la teneur en zinc dans l'électrode est faible plus le rendement faradique est grand.

III- Caractérisation des films de polypyrrole

III.1- Adhérence

L'adhérence des films de PPy est évaluée par le test au ruban adhésif normalisé. Après l'étape d'électrosynthèse, l'électrode recouverte du film de PPy est quadrillée sur la face du polymère à l'aide d'un outil tranchant en 25 petits carreaux d'environ 4 mm^2 de surface chacun. Le test d'adhérence consiste donc à coller un morceau de ruban adhésif sur la surface quadrillée du polymère et de le retirer après. Le nombre de carreaux qui restent accrochés à l'électrode donne une évaluation du pourcentage d'adhérence du polymère à la surface du métal.

Sur le tableau III nous avons rassemblé les valeurs du pourcentage d'adhérence du polypyrrole électrosynthétisé par voie galvanostatique en milieu $Na_2C_4H_4O_6$ 0.2 M + pyrrole 0.5 M sur des plaques de zinc et d'alliages de zinc A et B. Dans le cas du zinc et de l'alliage de zinc A (65 % en zinc) les films sont parfaitement adhérents quelque soit la densité de courant d'électrosynthèse. Tandis que sur les électrodes d'alliage de zinc B (30% en zinc) les films sont extrêmement adhérents aux faibles densités de courant imposées et deviennent légèrement moins adhérents aux densités de courant élevée. Dans ce cas le pourcentage d'adhérence passe de 100% pour une densité de courant de 5 mA cm^{-2} à 70% pour j = 25 mA cm^{-2}.

Tableau III : Variation du pourcentage d'adhérence du film de polypyrrole à la surface de l'électrode en fonction de la densité de courant d'électrosynthèse et de la nature du substrat métallique.

Densité de courant (mA cm^{-2})	Zinc	Alliage de zinc A	Alliage de zinc B
5	-	-	100%
10	100%	100%	95%
15	100%	100%	95%
20	100%	100%	90%
25	100%	100%	70%

III.2- Analyse élémentaire des films de PPy par spectroscopie de photoélectron X (XPS).

Dans le but d'acquérir des informations sur la composition élémentaire et le taux de dopage du polypyrrole, des films de ce polymère ont été électrosynthétisés après 10 balayages de potentiel sur des électrodes de zinc en milieu $\{H_2O + Na_2C_4H_4O_6\ 0.2\ M$ + pyrrole 0.5 M$\}$ et analysés par spectroscopie de photoélectron X (XPS).

Deux types de films ont été étudiés : des films oxydés obtenu directement après électrosynthèse et des films réduits chimiquement dans une solution aqueuse d'ammoniaque 20% pendant 15 min. Les échantillons ont été rincés à l'eau distillée et séchés sous vide à 100°C pendant 24 heures.

Le signal du carbone C 1s (Fig. 8a) est constitué de trois pics à 285.0, 286.9 et 288.4 eV dont les intensités relatives sont 1 :0.46 :0.15 pour le film à l'état oxydé et 1 :0.15 :0.09 pour le film à l'état réduit. Le premier pic très intense à 285.0 eV correspond aux carbones C-C appartenant aux noyaux de pyrrole, le second pic à 286.9 eV est attribué aux carbones appartenant aux groupements C-N du pyrrole et C-OH de l'ion tartrate dopant et le troisième pic à 288.4 eV proviendrait des carbones du groupement $O\!=\!\overset{|}{C}\!-\!O^-$ des ions tartrate. Ce dernier pic peut également correspondre à des carbones C=O liés aux chaînes du polymère ou appartenant à des composés de contamination. Ces attributions sont supportées par l'évolution de ces pics avec l'état d'oxydation du polymère. En effet, lorsque le polypyrrole passe de l'état oxydé dopé à l'état réduit dédopé, l'intensité des deux pics situés à 286.9 et 288.4 eV diminue comme le montre les rapports d'intensités mentionnés ci-dessus, ce qui prouve que ces deux pics sont étroitement liées à certains carbones constituant l'anion dopant à savoir C-OH et $O\!=\!\overset{|}{C}\!-\!O^-$ respectivement.

Le signal de l'azote N 1s (Fig. 8b) est composé de trois pics à 398.2, 400.1 et 402.1 eV dont les intensités relatives sont 0.23 :1 :0.15 à l'état oxydé et 0.22 :1 :0.09 à l'état réduit. Le pic principal situé à 400.1 eV est attribué aux atomes d'azote neutre des noyaux pyrroliques. Ce pic est caractérisé par deux épaulements ; le premier du côté hautes énergies de liaison à 402.1 eV est associé à une espèce d'azote partiellement chargé et le second du côté basses énergies de liaison à 398.2 eV pourrait être dû à des interactions azote-zinc et qui ne concernerait que les couches internes en contact direct avec le métal. En effet, des études XPS similaires sur les interactions polymère-substrat métallique ont été rapportées par Brédas *et al.* [15-20] et Bazzaoui *et al.* [21] en pulvérisant des couches minces métalliques comme l'aluminium sur les

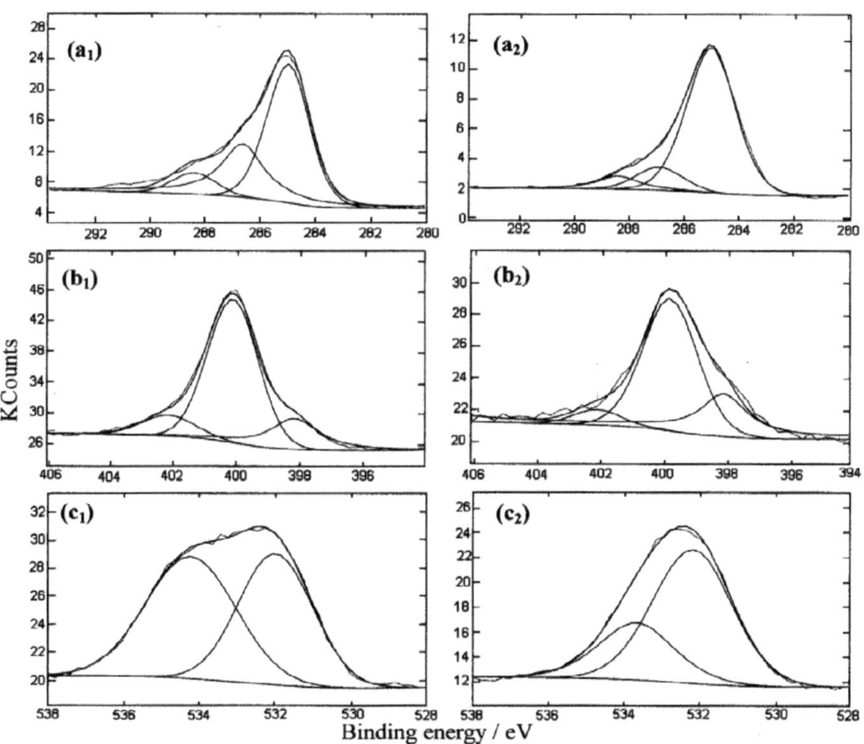

Figure 8 : Analyse XPS des formes oxydée (a₁, b₁, c₁) et réduite (a₂, b₂, c₂) de films de polypyrrole électrodéposés sur électrodes de zinc. Signal du carbone C 1s (a₁, a₂), signal de l'azote N 1s (b₁, b₂) et signal de l'oxygène O 1s (c₁, c₂).

films de polymère notamment sur le polythiophène ou en électrodéposant des films extrêmement minces de polythiophène sur des électrodes d'aluminium. Les auteurs ont pu montrer clairement après décomposition des signaux XPS du carbone, soufre et aluminium la présence de pics supplémentaires qui indiquent l'établissement de vraies liaisons covalentes entre le polythiophène et l'aluminium. Par analogie, nous avons attribué le pic à 398.2 eV à des atomes d'azote liées au zinc et qui seraient à l'origine de l'excellente adhérence du polypyrrole à la surface du zinc. Il reste à signaler que le pic à 402.1 eV est étroitement lié à l'état d'oxydation du polymère comme le confirment la différence entre les valeurs d'intensités relatives rapportées ci-dessus dans le cas des deux formes oxydée et réduite du PPy.

Le signal de l'oxygène O 1s (Fig. 8c) est difficile à interpréter en raison de la présence de plusieurs espèces oxygénées pouvant composer ce signal parmi lesquelles l'anion tartrate dopant, des oxydes et hydroxydes métalliques, des traces d'eau piégées dans le polymère, des espèces de contamination, des groupements C=O et C-OH liés aux chaînes du polymère, ... Nous avons pourtant décomposé ce signal en deux pics principaux situés à 532.1 et 533.9 eV. Cependant, malgré que l'intensité du pic à 533.9 eV diminue lorsqu'on passe de la forme oxydée à la forme réduite du polymère, il est difficile de confirmer que ce pic porte la contribution de l'ion tartrate dopant.

Finalement, à partir de ces données le taux de dopage peut être estimé dans le cas des deux formes oxydée et réduite du PPy obtenu sur zinc en milieux tartrate de sodium. On procède par calculer le rapport d'intensités du pic C 1s à 288.4 eV attribué aux groupements $O={C}-O^-$ de l'ion tartrate par rapport à l'intensité du signal d'azote N 1s en entier en tenant compte de la sensibilité de chaque élément. Il faut ajouter que comme dans chaque ion tartrate deux groupements $O={C}-O^-$ sont présents il faut diviser le résultat par 2.

$$\tau = \frac{1}{2}\, \frac{I_{C\,288.4}}{I_{N\,total} / S_{N\,1s}}$$

Les taux de dopage trouvés par cette procédure sont 20% pour le film oxydé et 12 % pour le film réduit. La valeur relativement élevée obtenue pour l'échantillon réduit prouve que le pic C 1s à 288.4 eV porte probablement la contribution d'autres espèces non dopantes telles que les groupements carbonyle fixés aux chaînes du polymère ou encore des molécules de tartrate non dopante, mais piégées dans la matrice du polypyrrole.

Afin de mieux étudier l'interface polymère/électrode et de comprendre la nature des interactions qui le réagissent, nous avons analysé par XPS des films de PPy de différentes épaisseurs électrodéposés sur plaques de zinc dans le même milieu électrolytique {H_2O + $Na_2C_4H_4O_6$ 0.2 M + pyrrole 0.5 M}. les échantillons ont été préparés par balayage cyclique du potentiel en faisant varier le nombre de cycles de potentiel balayés (0, 1, 2, 3, 5 et 10 cycles).

Dans notre étude nous avons insisté sur les signaux XPS du zinc Zn $2p^{3/2}$ et de l'azote N 1s que nous avons superposés sur la figure 9 pour mieux contrôler leur évolution en fonction du nombre de balayages d'où de l'épaisseur du film de PPy.

Le signal du zinc Zn $2p^{3/2}$, avant de procédé au balayage de potentiel, est parfaitement symétrique et correspond aux oxydes de zinc. Cependant, dès que le balayage cyclique de potentiel commence le signal devient de plus en plus asymétrique et un épaulement pousse du côté basses énergies de liaison. Ce comportement qu'on observe nettement à partir du troisième balayage traduit la naissance d'une nouvelle composante associée à une nouvelle espèce de zinc et dont l'intensité croit avec l'augmentation du nombre de balayages de potentiel. La composante en question est probablement due aux atomes de zinc qui interagissent avec le polymère pour former des liaisons Zn-N. Cette observation ne concerne que les couches les plus internes du PPy puisque le signal XPS du zinc disparaît lorsque le film devient épais (10ème balayage de potentiel).

Cette hypothèse est renforcée par les transformations qui se produisent au niveau du signal de l'azote N 1s lorsque le nombre de balayages de potentiel change. En effet, dès le premier balayage le signal de l'azote présent un épaulement du côté basses énergies de liaisons vers 398.8 eV et que nous avons attribué à l'atome d'azote des

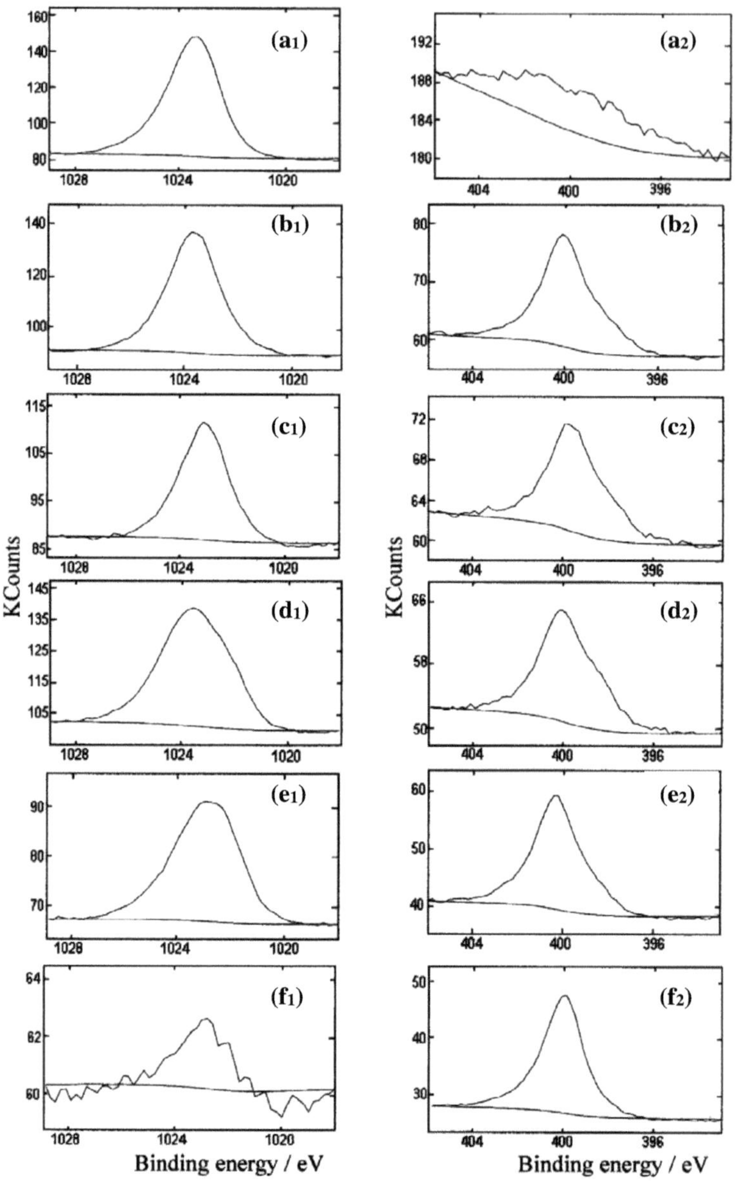

Figure 9 : Analyse XPS de films de PPy électrosynthétisés en milieu {H_2O + $Na_2C_4H_4O_6$ 0.2 M + pyrrole 0.5 M} par balayage cyclique de potentiel à 100 mV s^{-1} en faisant varier le nombre de cycles. De haut en bas 0 (a_1,a_2), 1 (b_1,b_2), 2 (c_1,c_2), 3 (d_1,d_2), 5 (e_1,e_2) et 10 (f_1,f_2) cycles. Signal Zn 2p$_{3/2}$ à gauche et signal N 1s à droite.

liaisons N-Zn ; cet épaulement disparaît progressivement lorsqu'on s'éloigne de la zone interfaciale PPy/zinc en raison de l'épaississement du film de polymère et le signal devient symétrique.

L'hypothèse de la présence de liaisons chimiques fortes entre les atomes d'azote pyrrolique et la surface du zinc a été également renforcée par l'analyse directe de l'interface polymère/zinc. Ainsi après réduction du film, pour diminuer son adhérence, les deux faces en contact (la face interne du polymère et la surface du zinc) ont été analysées par spectroscopie de photoélectron X et nous avons pu détecter la présence d'atomes de zinc sur la face interne du PPy et d'atomes d'azote à la surface du métal.

En conclusion, ces données rassemblées convergent dans le sens de prouver que l'adhérence du film de PPy est en partie assurée par de vraies liaisons chimiques qui s'établissent à l'interface entre le substrat métallique et le revêtement polymérique.

III.3- Analyse vibrationnelle des films de PPy

III.3.1- Spectroscopie infra-rouge (IR)

Les films de PPy obtenus en milieu {H_2O + $Na_2C_4H_4O_6$ 0.2 M + pyrrole 0.5 M} ont été analysés par spectroscopie IR sous leurs deux formes oxydée et réduite. La forme oxydée est obtenue directement après électrosynthèse du polymère et la forme réduite correspond au film électrosynthétisé et traité par immersion dans une solution d'ammoniaque 20% pendant 15 min. Malgré que les analyses ont été réalisées par réflexion directe sur les électrodes couvertes des films de PPy et non pas par transmission à travers une pastille de KBr contenant le polymère broyé, les spectres IR obtenus sont de très bonne *qualité* (Figs. 10a et 10b) et les bandes IR sont fines et bien résolues.

Les spectres associés aux deux formes oxydée et réduite sont caractérisés par une bande d'absorption très large située dans le domaine spectral entre 4000 et 2500 cm^{-1}

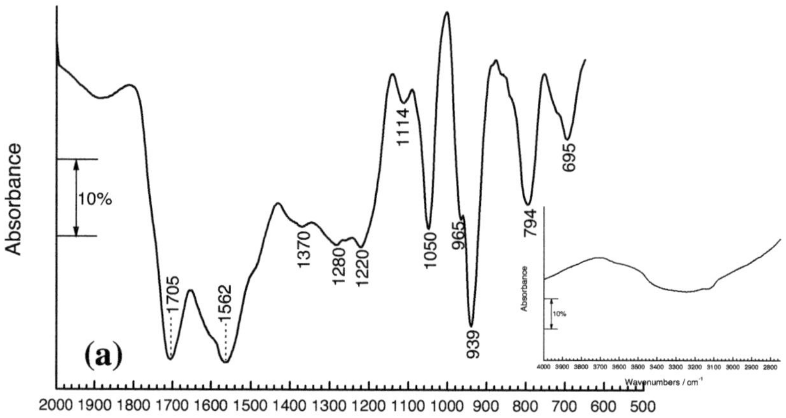

Figure 10 : Spectres IR de films de polypyrrole oxydé (a) et réduit (b) obtenus sur électrodes de zinc en milieu {H₂O + Na₂C₄H₄O₆ 0.2 M + pyrrole 0.5 M}. En médaillons : les spectres IR des mêmes films enregistrés dans la zone 4000-2500 cm⁻¹.

(Fig. 10) caractéristique des groupements OH appartenant aux molécules d'eau piégées dans la matrice du polymère et qui sont très difficiles à chasser. Ce résultat, à priori surprenant, a déjà été observé dans le cas de films de polythiophène électrosynthétisés dans des solutions aqueuses d'acide perchlorique [22] et dans le cas de solides contenant de l'eau de cristallisation, et correspond à des molécules d'eau insérées dans le réseau (*lattice water*) [23].

En comparaison avec les spectres du PPy obtenu en milieu organique sur électrode de Pt, largement décrits dans la littérature, toutes les bandes caractéristiques du polypyrrole sont observées sur les spectres de la figure 10. Les bandes situées à 794, 939 et 965 cm^{-1} dans le spectre de la forme oxydée et à 779, 933 et 960 cm^{-1} dans le spectre de la forme réduite sont attribuées aux vibrations hors du plan des liaisons C-H. La bande fine à 1050 cm^{-1} et 1042 cm^{-1} pour les films oxydé et réduit respectivement est due aux vibrations de déformation dans le plan des liaisons N-H [24]. Les bandes d'intensités faibles situées à 1280 ; 1370 cm^{-1} et 1309 ; 1403 cm^{-1} pour les échantillons oxydé et réduit respectivement proviennent des vibrations d'élongation du noyau pyrrolique. Les bandes à 1220 et 1225 cm^{-1} dans les spectres des deux formes oxydée et réduite sont attribuables aux vibrations de déformation dans le plan des liaisons C-H [25]. Les vibrations d'élongation des double-liaisons C=C du noyau correspondent à la bande IR très intense située à 1562 cm^{-1} à l'état oxydé et à 1590 cm^{-1} à l'état réduit.

Enfin, la bande intense et fine située à 1705 cm^{-1} dans le spectre du film oxydé dopé est moins intense à 1699 cm^{-1} dans le spectre de la forme réduite dédopée ; nous avons attribué cette bande aux vibrations de l'anion dopant tartrate qui comporte des groupements $O\!=\!C\!-\!O^{-}$. La présence de cette bande même sous forme d'épaulement à l'état réduit confirme les résultats des analyses XPS concernant le calcul du taux de dopage et indique la présence d'une quantité d'anions tartrate non dopants mais seulement piégés sous forme de sel à l'intérieur du polymère réduit.

Certains auteurs [26-30] ont attribué cette bande à des groupements carbonyle C=O fixés en position β des noyaux de pyrrole et qui résultent d'une légère suroxydation du polymère lors de son électrosynthèse.

III.3.2- Analyse Raman

L'analyse par diffusion Raman excitée à λ_e = 514.5 nm avec une puissance laser de 5 mW a été également réalisée sur des films de PPy obtenus sur des plaques de Zn en milieu {H_2O + $Na_2C_4H_4O_6$ 0.2 M + pyrrole 0.5 M}

Dans le but de mieux situer les bandes correspondant aux modes de vibrations du PPy/Zn, nous avons fait une étude comparative entre le spectre Raman obtenu dans ces conditions et celui associé à un film de PPy électrosynthétisé sur une électrode d'Ag [31]. Le choix de l'électrode d'Ag est justifié par le fait que ce métal est l'un des rares métaux donnant lieu à un effet SERS (*Surface enhanced Raman Scattering* ou Diffusion Raman Exaltée de surface). En bref, l'effet SERS est l'intensification du spectre Raman induite par la résonance des plasmons (c à d des électrons) de surface du métal (Ag).

La figure 11 présente les spectres Raman du PPy/Zn et SERS du PPy/Ag. Le zinc étant un matériau non actif en SERS le spectre obtenu sur ce métal avec une puissance laser de 5 mW est relativement de faible intensité (Fig. 11a). Par contre, le film déposé sur Ag manifeste un effet SERS très important [31] ; le spectre enregistré dans ce cas avec une faible puissance laser (1 mW) est très intense avec des pics mieux résolus (Fig. 11b). Par ailleurs, toutes les bandes observées sur électrodes de Zn sont présentes lorsqu'une électrode d'Ag est utilisée. En plus, grâce à l'effet SERS d'autres modes inactifs sur Zn sont très visibles sur le spectre obtenu sur Ag. Le tableau IV donne quelques attributions de bandes et compare les positions des

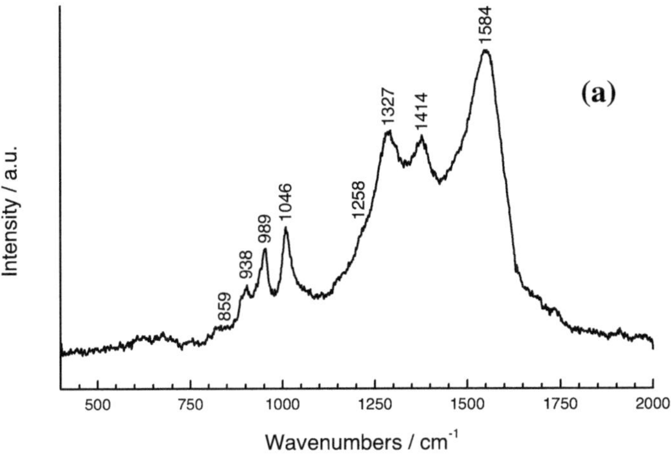

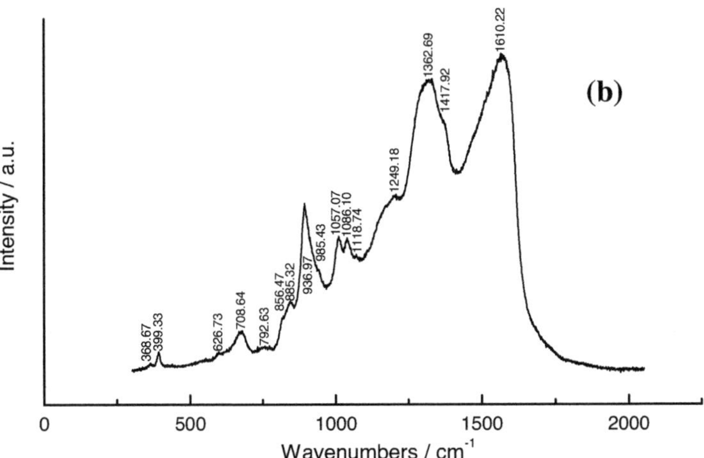

Figure 11 : Spectre Raman d'un film de polypyrrole électrodéposé sur zinc (a) et spectre SERS d'un film de polypyrrole électrodéposé sur argent (b). Longueur d'onde d'excitation λ_e = 514.5 nm.

divers modes de vibration repérés sur les spectres des films PPy / Zn et PPy / Ag avec celles évaluées théoriquement par Faulques *et al.* [32].

D'après les valeurs théoriques reportées par Faulques *et al.* [32] la fréquence de vibration des double-liaisons de la forme oxydée du PPy est plus élevée que celle de la forme réduite (tableau IV). Par conséquent, en comparant les positions des bandes Raman relatives au PPy/Zn et PPy/Ag et particulièrement la bande principale $v_{C=C}$

Tableau IV : Fréquences et attributions des bandes Raman de films de polypyrrole électrodéposés sur électrodes de Zn et d'Ag.

Fréq. expérimentales / cm^{-1}		Fréq. calculées / cm^{-1} [32]		Attributions
PPy/Zn	PPy/Ag	Forme réduite	Forme oxydée	
1584	1610.2	1563.2	1676.6	élongation C=C du noyau
1414	1417.9	1527.4	1524.4	élongation C-N
1327	1362.7	1316.5	1307.2	
1258	1249.2			
	1118.7			
	1086.1			déformation dans le plan C-H
1046	1057.1	1043.4	1049.4	déformation dans le plan C-H
989	985.4	993.7	955.8	
938	936.9			élongation C-H
	885.4			
859	856.5			déformation hors du plan C-H
	792.6			
	708.6			
	626.7			déformat. hors du plan noyau
	399.3			
	368.7	317.9	355.3	

associée au mode d'élongation des double-liaisons C=C du noyau, qui est plus déplacée vers les hautes fréquences dans le cas du PPy/Ag, il ressort que sur Zn le polymère est moins oxydé que sur Ag. Les analyses XPS confirment cette observation, puisque le taux de dopage du polypyrrole synthétisé sur Zn, même à l'état oxydé, ne dépasse pas 20%, qui est une valeur sensiblement inférieure aux valeurs obtenues dans le cas du PPy électrodéposé sur platine en milieu organique (30%).

III.4- Morphologie des films de PPy

III.4.1-Morphologie des films synthétisés par voltammetrie cyclique

Des films électrosynthétisés après 10 balayages cycliques de potentiel entre -1.1 et 2.0 V *vs.* Ag/AgCl à 100 mV s^{-1} en milieu {H2O + Na$_2$C$_4$H$_4$O$_6$ 0.2 M + pyrrole 0.5 M}sur électrodes de zinc et alliages de zinc A et B ont été analysés par microscopie électronique à balayage (SEM). D'après la figure 12 qui représente les micrographes de la surface du PPy obtenu sur zinc (a), alliage de zinc A (b) et alliage de zinc B (c), les films dans les trois cas ont l'air compacts et homogènes et présentent une structure globulaire plus fine dans le cas du zinc et de l'alliage de zinc A que dans celui de l'alliage de zinc B. Cette différence de rugosité est certainement due à la composition du substrat sousjacent ; il faut noter ici que l'alliage de zinc A est composé de 65% en zinc et l'alliage de zinc B n'en contient que 30%.

Après dix cycles de balayage de potentiel les épaisseurs des films sont différentes. Le tableau V rassemble les épaisseurs estimées à partir de la figure 12 ; il en ressort que les films électrodeposés sur les alliages de zinc A et B ont sensiblement les mêmes épaisseurs et sont plus de deux fois plus épais que le film obtenu sur électrode de zinc. Ce résultat ne peut pas être étonnant puisqu'il est en accord et il confirme les valeurs des rendements faradiques calculés dans les trois cas et qui sont de 65% et

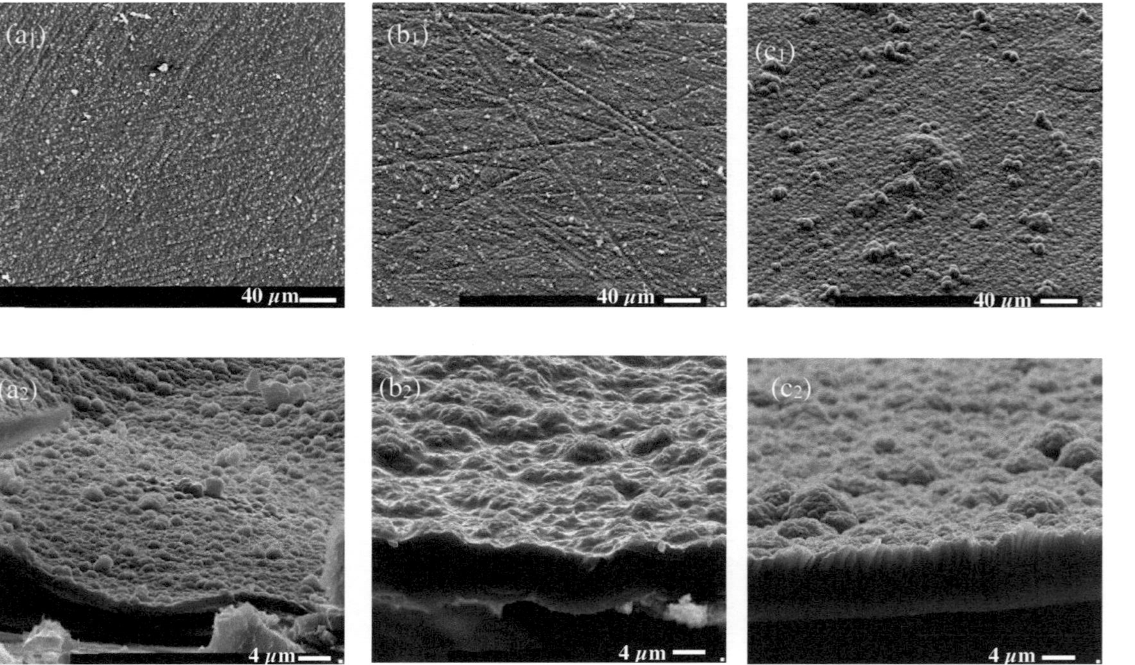

Figure 12 : Images SEM de films de polypyrrole électrodéposés par mode potentiodynamique en milieu {H_2O + $Na_2C_4H_4O_6$ 0.2 M + pyrrole 0.5 M} sur électrodes de zinc (a_1, a_2), et d'alliages de zinc A (b_1, b_2) et B (c_1, c_2). Vitesse de balayage 100 mV s^{-1}.

85% pour les alliages de zinc B et A respectivement et que de 50% dans le cas du zinc pur.

Tableau V : Comparaison des épaisseurs des films de polypyrrole électrodéposés sur zinc et alliages de zinc (voir Fig. 12).

Substrat	Zinc	Alliage de zinc A	Alliage de zinc B
Epaisseur du film (μm)	3.2	7.3	8

III.4.2- Morphologie des films synthétisés par mode galvanostatique

Des films préparés galvanostiquement sur des électrodes de zinc et d'alliages de zinc A et B en imposant des densités de courant différentes, ont été également analysés par microscopie électronique à balayage.

Les films synthétisés sur les trois substrats à des densités de courant faibles sont minces et homogènes avec une morphologie analogue à celle observée dans le cas des films électrodéposés sur les mêmes substrats et dans le même milieu électrolytique par balayage cyclique du potentiel (Fig. 12).

Cependant à des densités de courant élevées (Fig. 13) on observe des comportements différents selon que le polymère soit électrodéposé sur une électrode de zinc ou sur ses alliages A et B. En effet, pour $j = 25$ mA cm^{-2} le film obtenu sur le zinc reste homogène et présente une structure globulaire régulière. Tandis que sur les alliages de zinc A et B à la même densité de courant $j = 25$ mA cm^{-2}, le polymère se présente sous forme d'un film homogène et compacte sur lequel se développe une structure en choufleur. L'épaisseur des films dans les trois cas est d'environ une vingtaine de μm pour cette densité de courant $j = 25$ mA cm^{-2} ; le tableau VI Présente quelques épaisseurs évaluées par SEM sur des films électrodéposés à différentes densités de courant sur les trois types d'électrodes.

Tableau VI : Variation de l'épaisseur du film de PPy en fonction de la densité de courant d'électrosynthèse et de la nature du substrat métallique.

	Zinc	Alliage de zinc A	Alliage de zinc B
5 mA cm^{-2}	-	-	2 μm
10 mA cm^{-2}	-	8 μm	-
15 mA cm^{-2}	18 μm	-	-
25 mA cm^{-2}	24 μm	16 μm	22 μm

Enfin, il faut signaler que lors des analyses par microscopie électronique à balayage des films de PPy, nous avons constaté un phénomène intéressant sur les films synthétisés sur les électrodes d'alliage de zinc à une densité de courant j =25 mA cm^{-2} et que nous avons tenté d'expliquer en se basant sur les images SEM (Fig. 14).

Tout d'abord il faut rappeler que d'après une étude rapportée par Garnier *et al.* [33,34] sur le dopage de polythiophène, les lobes observés à la surface du polymère oxydé renferment les anions dopant, et lorsque le polymère passe à l'état réduit ces lobes se dégonflent pour permettre aux anions dopant de migrer vers la solution électrolytique. Dans notre cas et suivant le schéma explicatif représenté sur la figure 15 le dopage du polypyrrole est assuré par les ions tartrates. Ces anions une fois insérés à l'intérieur des lobes subissent une réaction d'oxydation pour donner du gaz carbonique selon la réaction suivante [7] :

$$C_4H_4O_6^{2-} + 2H_2O \rightarrow 4CO_2 + 8H^+ + 10e^-$$

Par conséquent la partie des lobes se rompe pour laisser s'échapper le gaz carbonique.

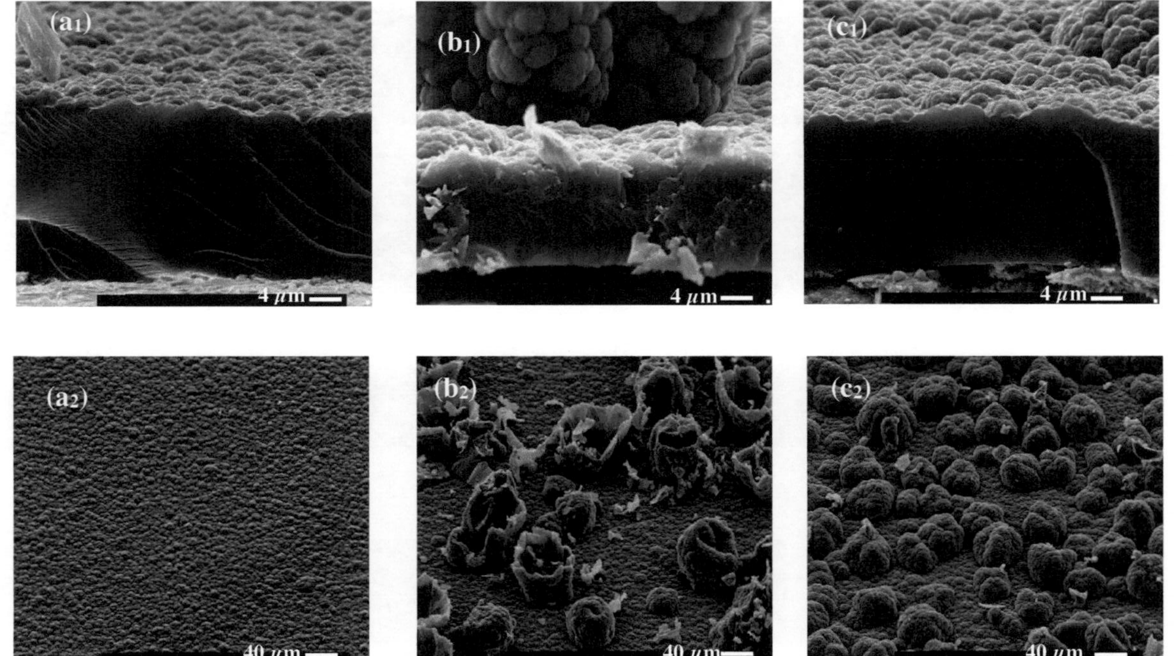

Figure 13 : Images SEM de films de polypyrrole électrodéposés par mode galvanostatique en milieu {H_2O + $Na_2C_4H_4O_6$ 0.2 M + pyrrole 0.5 M} sur électrodes de zinc (a_1, a_2), et d'alliages de zinc A (b_1, b_2) et B (c_1, c_2). Densité de courant imposée j = 25 mA cm^{-2}.

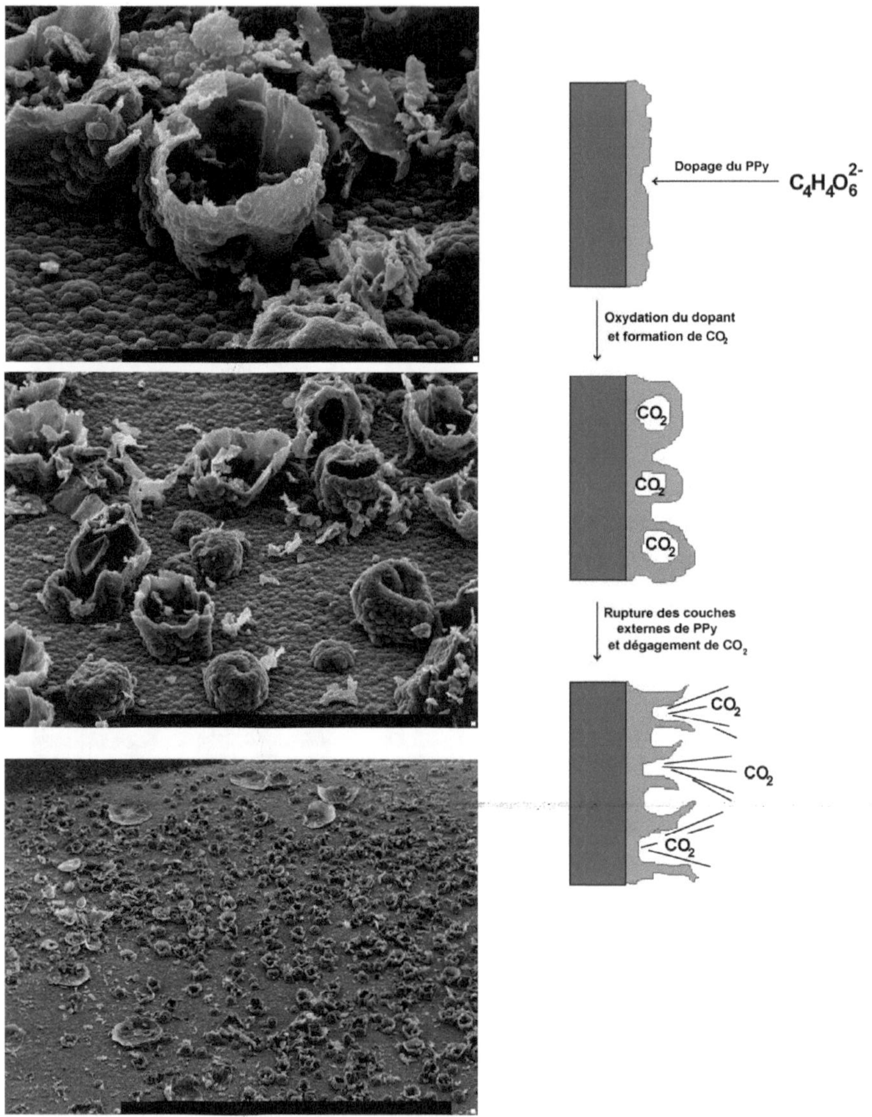

Figure 14 : Images SEM d'un film de PPy synthétisé sur alliage de zinc A à 25 mA cm^{-2}.

Figure 15 : Schéma explicatif de la morphologie observée sur les micrographes de la figure 13.

IV- Test au brouillard salin

Le test au brouillard salin constitue le meilleur moyen d'évaluer la résistance d'un échantillon à la corrosion ; c'est une technique largement utilisé dans l'industrie d'automobile pour tester à quel point les couches primaires de protection élaborées sur les tôles des voitures peuvent résister à la corrosion.

Cette technique consiste à évaporer une solution saline dans une chambre rigide dans laquelle les échantillons sont suspendus par des fils de nylon. Les conditions opératoires (température, pression …) ont été choisies dans notre cas, selon la norme (ASTM B117) [35] (voir chapitre II).

Nous avons synthétisé deux catégories de films de polypyrrole sur acier galvanisé (acier recouvert à chaud par immersion dans un bain de zinc fondu) selon deux modes opératoires :

i) Films synthétisés en mode galvanostatique selon les conditions précitées dans ce chapitre en imposant une densité de courant de 15 mA cm^{-2} pendant 10 min en milieu aqueux {H_2O + $Na_2C_4O_6H_4$ 0.2 M + pyrrole 0.5 M}. Ce qui donne une épaisseur du film d'environ 18 µm.

ii) Films synthétisés avec la même technique galvanostatique à 15 mA cm^{-2} pendant 10 min et dans le même milieu électrolytique aqueux {H_2O + $Na_2C_4O_6H_4$ 0.2 M + pyrrole 0.5 M}, mais en maintenant la cellule électrochimique contenant l'électrode dans un bain à ultrasons pendant toute la durée de l'électrolyse.

Il faut signaler que le choix de plaques d'acier galvanisé à la place du zinc massif est imposé par les conditions opératoires du test au brouillard salin. En effet, l'acier sousjacent permettra de mieux observer et évaluer le degré d'attaque de l'atmosphère saline sur les couches de polymère et de zinc.

Afin d'évaluer les performances de protection anticorrosion des revêtements ainsi obtenus, les deux types d'échantillons ont été disposés dans la chambre et soumis à l'atmosphère de brouillard salin.

Les résultats obtenus après une semaine de séjour dans la chambre de brouillard salin montrent que le film de polypyrrole formé sur acier galvanisé dans le bain à ultrasons reste en parfait état et ne présente aucun signe d'usure (Fig. 16a). Par contre, malgré l'écoulement que de 48 heures du début du test, le revêtement réalisé sur le même substrat et dans les mêmes conditions opératoires mais sans ultrasons à l'air décroché de la surface de l'électrode et des traces d'un précipité blanc caractéristique des oxydes de zinc couvre la surface (Fig. 16b).

Ces données expérimentales montrent que l'électropolymérisation du pyrrole en milieu aqueux {H_2O + $Na_2C_4O_6H_4$ 0.2 M + pyrrole 0.5 M} dans les conditions normales, et malgré la très bonne adhérence du revêtement obtenu à la surface du zinc, ne constitue pas une barrière suffisante susceptible d'assurer une bonne protection du métal contre la corrosion. Tandis que la meilleure résistance au test du brouillard salin est obtenue avec des films électrosynthétisés sous ultrasons ; ce qui prouve que les performances de ces revêtements dans la protection contre la corrosion du zinc sont importantes.

En effet, la sonochimie qui est la chimie des ultrasons est basée sur le phénomène de cavitation qui, sous l'effet des vagues ultrasoniques, conduit à la production de bulles ou cavités chargées de vapeur ou de gaz au sein de la solution. Ces bulles qui renferment une pression et une température énormes entrent en interaction avec la surface de l'électrode et conduisent à son nettoyage d'une façon continue lors de l'électrodéposition. Au cours de cette opération, le transport de la matière vers l'électrode et vers la solution est efficace, la surface de l'électrode devient plus active vis à vis de l'électrodéposition et les phénomènes de polarisation de l'électrode diminuent. Ainsi, les films électrodéposés dans ces conditions sont plus compactes homogènes et plus adhérents [36,37].

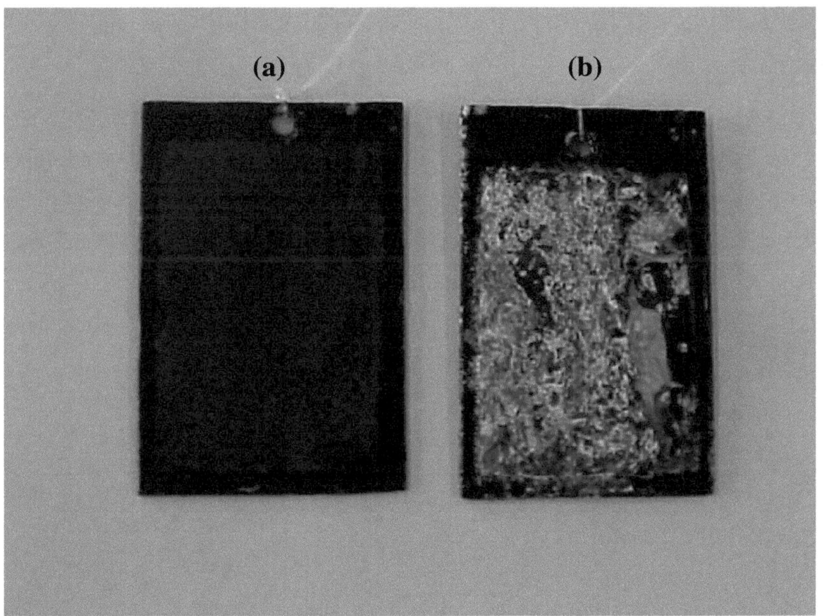

Figure 16 :Tests au brouillard salin appliqués à des films de polypyrrole synthétisés en milieu {H_2O + $Na_2C_4O_6H_4$ 0.2 M + Pyrrole 0.5 M} sur électrodes d'acier galvanisé à une densité de courant de 15 mA.cm^{-2} pendant 10 min. Durée du chaque test 7 jours.
a) électrosynthèse sous ultrasons et b) électrosynthèse sans ultrasons (voir text).

V- Extension de la technique d'électropolymérisation à d'autres métaux oxydables

La réussite des tentatives d'électropolymérisation du pyrrole sur zinc et alliages de zinc et l'obtention de films épais de PPy homogènes et très adhérents dotés d'excellentes qualités de protection contre la corrosion, nous ont incité à étendre le champ d'application de cette technique d'électropolymérisation et de l'appliquer à d'autres types de métaux et alliages oxydables.

Les matériaux choisi sont le fer, l'acier galvanisé, le cuivre, la laiton et le nickel. Nous nous limiterons dans cette partie à démontrer la possibilité de faire croître des couches épaisses et adhérentes de PPy à la surface de ces substrats malgré leur diversité et les grandes différences entre leurs potentiels d'oxydation. Par ailleurs, nous montrerons que les revêtements polymériques obtenues peuvent être exploités pas seulement pour la protection contre la corrosion, mais aussi dans d'autre domaine, notamment celui qui concerne le côté esthétique des objets couverts comme nous le verrons dans le cas du laiton.

V.1- Comportements électrochimiques des substrats oxydables en absence du monomère

Lors du balayage de potentiel, le voltammogramme associé à l'électrode de fer (Fig. 17a) présente une allure semblable à celle observée classiquement lorsque ce métal est polarisé en milieu acide. La courbe i = f(E) présente trois domaines distincts :

– Entre le potentiel de départ et E $\approx$ -0.4 V *vs*. Ag/AgCl on est dans le domaine actif du métal où le fer Fe° s'oxyde en Fe^{2+} selon la réaction $Fe \longrightarrow Fe^{2+} + 2e^{-}$. Les cations ferriques réagissent soit avec l'oxygène pour donner des oxydes soit avec l'électrolyte support $C_4H_4O_6^{2-}$ pour donner du tartrate de fer selon la réaction

$$Fe^{2+} + C_4H_4O_6^{2-} \longrightarrow Fe\,C_4H_4O_6$$

Ces produits d'oxydation du fer se déposent à la surface de l'électrode et provoquent sa passivation.

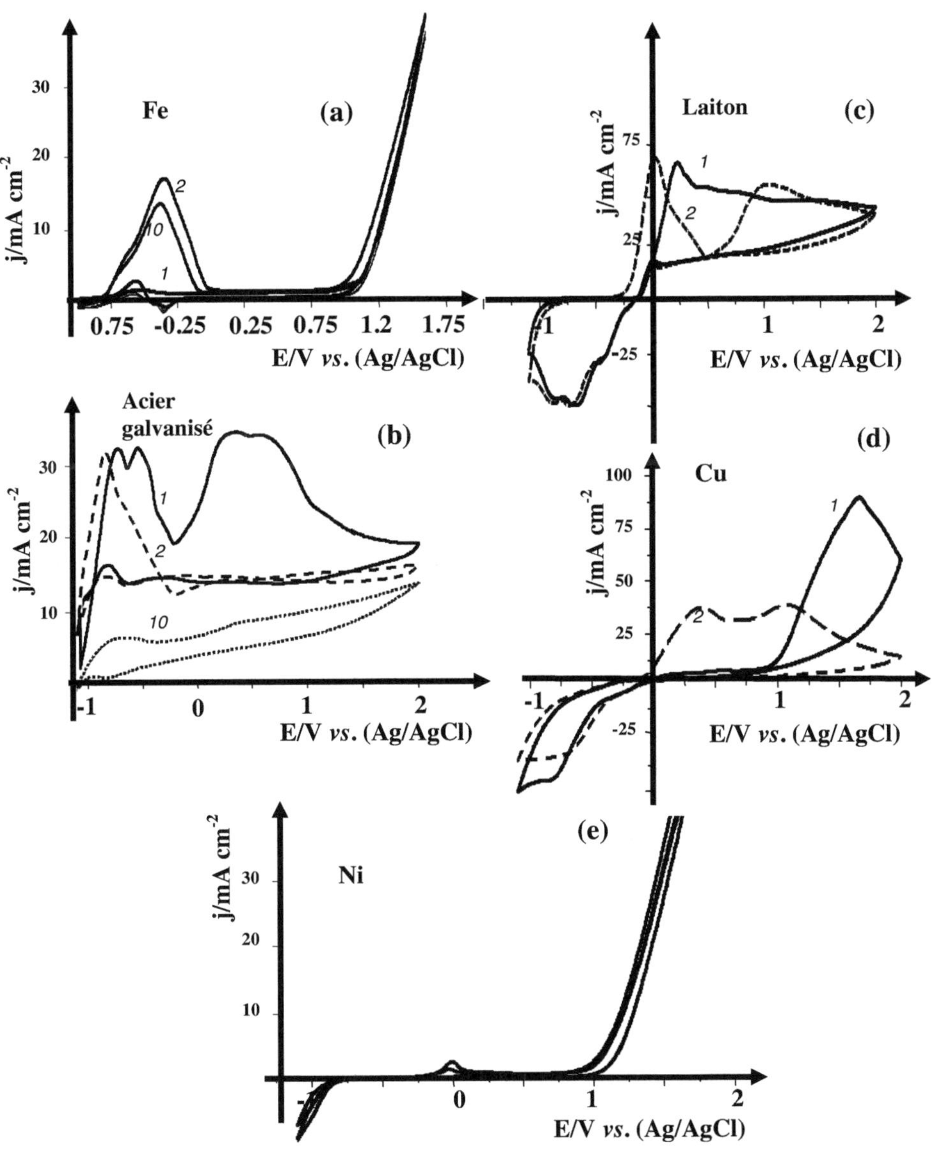

Figure 17 : Courbes voltammétriques j-E obtenues en milieu $H_2O + Na_2C_6O_6H_4$ 0.2 M sur electrodes de fer (a), acier galvanisé (b), laiton (c), cuivre (d) et nickel (e). Vitesse de balayage $V_b = 100$ mV s^{-1}.

– Entre –0.4 et 1 V *vs.* Ag/AgCl le courant chute brutalement et prend une valeur presque nulle en raison de la formation de la couche de passivation. On est dans le domaine de passivité où le métal est protégé.

– Lorsque le potentiel atteint la valeur de 1V, qui est le potentiel de transpassivation, il y a rupture de passivité, le courant recommence à passer fortement et le métal peut de nouveau être attaqué. Cette zone se chevauche dans certains cas avec le mur d'oxydation de l'eau.

Dans le cas de l'acier galvanisé, un comportement complexe est observé en raison de la présence à la fois du zinc, du fer particulièrement sur les bords à cause du découpage des plaques et des produits intermétalliques qui se forment lors de la galvanisation de l'acier. Mais dans l'ensemble l'allure des courbes i = f(E) dans ce cas est analogue à celle du zinc pur et révèle une passivation de la surface de l'électrode traduite par une diminution du courant lors des balayages successifs du potentiel (Fig. 17b).

Le comportement électrochimique du laiton (Fig. 17c) commence au premier balayage par un pic anodique à 0.3 V *vs.* Ag/AgCl. Lors des balayages successifs suivants, ce pic se déplace légèrement vers la droite traduisant des changements dans la composition de la surface de l'électrode à cause de la formation d'une couche de passivation. Il faut signaler qu'au début de l'électrolyse la diffusion dans la solution d'une coloration bleue via l'électrode se produit et correspond à l'ion Cu^{2+} provenant de l'oxydation préalable de l'électrode.

Pour confirmer les observations faites sur le laiton, nous avons présenté sur la figure 17d le comportement électrochimique d'une électrode de cuivre pure dans le même milieu électrolytique. Il en ressort que le pic anodique situé vers 0.3 V et qui s'accompagne de la diffusion d'une coloration bleue dans la solution est celui de l'oxydation du cuivre $Cu°$ en Cu^{2+}.

Enfin la polarisation du nickel en milieu tartrate de sodium 0.2 M (Fig. 17e) met en évidence un pic d'oxydation à 0 V attribuable à l'oxydation du nickel. Ce pic, comme dans le cas du fer, est suivi par une zone de passivation qui s'étend jusqu'à 1 V.

Il faut noter la présence d'un pic vers 1 V dans quelques courbes i = f(E) associées à ces substrats métalliques, et ce pic ne peut provenir que de l'adsorption ou l'oxydation de l'ion tartrate responsable du phénomène de passivation des électrodes.

V.2-Electropolymérisation du pyrrole sur les substrats oxydables en milieu aqueux {H_2O + $Na_2C_4O_6H_4$ 0.2 M + pyrrole 0.5 M}

V.2.1- Mode potentiodynamique

Lorsqu'une concentration de 0.5 M en pyrrole est additionnée au milieu électrolytique, l'évolution des courbes i = f(E) change intégralement (Fig. 18) car d'une part la nature de la solution électrolytique change et d'autre part la présence du pyrrole ajoute au système de pics anodiques et cathodiques déjà présents ceux du monomère et du polymère qui en résulte.

Effectivement, une certaine analogie est observée dans les comportements électrochimiques des différents substrats vis à vis de l'électropolymérisation du pyrrole. On note en particulier la croissance brutale du courant aux environs de 0.7 V *vs*. Ag/AgCl et le développement d'une vague anodique dont la densité de courant augmente au cours des balayages successifs de potentiel. Cette allure commune à toutes les courbes i = f(E) de la figure 18 traduit le déclenchement de la réaction d'électropolymérisation et la croissance régulière de films de PPy à la surface de tous les substrats étudiés.

La phase de croissance régulière des films de polypyrrole sur les substrats métalliques oxydables est atteinte après le passage par une étape préliminaire au cours de laquelle une compétition s'établie entre l'oxydation de l'électrode, la passivation de la surface métallique et l'électropolymérisation du pyrrole. Cette étape primordiale est plus ou moins visible selon la nature de l'électrode de travail et le substrat qui reflète clairement cette compétition est l'acier galvanisé. En effet, le premier balayage de potentiel (Fig. 18b) présente des pics anodiques liés à l'oxydation de l'électrode suivis par une zone de passivation où le courant est faible et au cours des balayages de potentiel suivants les pics d'oxydation de l'électrode disparaissent et la vague d'électropolymérisation croit.

A la fin des expériences potentiodynamiques, des films de PPy épais et homogènes ont été obtenus sur tous les substrats métalliques étudiés.

V.2.2- Mode galvanostatique

Les électrodes constituées des substrats métalliques précités ont été soumises à des densités de courant de plus en plus élevées et les courbes $E = f(t)$ ont été tracées. Toutes les courbes présentent des paliers dont la valeur de potentiel traduit soit la dissolution du métal soit la croissance d'un film de PPy à la surface de l'électrode (Fig. 19).

Lorsque l'électrode de travail est en fer (Fig. 19A) une densité de courant de 0.3 mA cm^{-2} est suffisante pour réaliser l'électropolymérisation du pyrrole. Par ailleurs, des films épais homogène et adhérent ne sont obtenus qu'à des densités de courant supérieures ou égales à 5 mA cm^{-2}.

Au contraire, dans le cas de l'acier galvanisé (Fig. 19B) il est nécessaire de dépasser la densité de courant $j = 10$ mA cm^{-2} pour pouvoir déclencher l'électropolymérisation du pyrrole. A des densités de courant $j \leq 10$ mA cm^{-2} le potentiel se stabilise à des valeurs négatives, ce qui favorise la dissolution du métal et empêche la réaction d'électropolymérisation de se produire.

Les courbes chronopotentiométriques obtenues en utilisant le laiton comme électrode de travail (Fig. 19C) montrent qu'il est possible d'obtenir des films de polypyrrole homogènes à condition d'appliquer des densités de courant supérieures ou égales à 15 mA cm^{-2}.

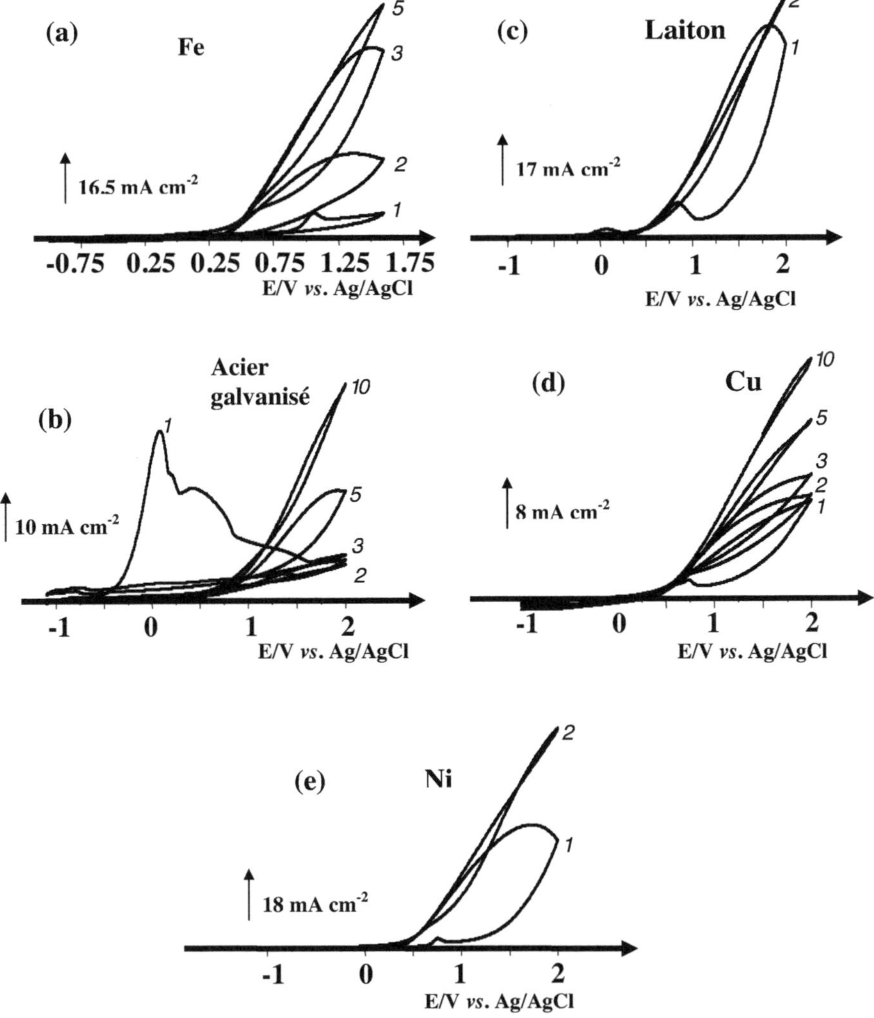

Figure 18 : Courbes voltammétriques j-E obtenues en milieu H_2O + $Na_2C_6O_6H_4$ 0.2M + pyrrole 0.5M sur électrodes de fer (a), acier galvanisé (b), laiton (c), cuivre (d) et nickel. Vitesse de balayage V_b = 100 mV s⁻¹.

Dans le cas du cuivre l'électropolymérisation du pyrrole n'a lieu qu'à partir d'une densité de courant de 5 mA cm^{-2} (Fig. 19D) et le film formé est homogène et adhérent. Le revêtement polymérique devient de plus en plus épais avec la croissance de la densité de courant imposée.

Enfin, dans le cas du nickel (Fig. 19E), des densités de courant plus faibles de l'ordre de 0.1 mA cm^{-2} sont suffisantes pour déclencher la réaction d'électropolymérisation du pyrrole, cela est dû sans doute à l'effet catalytique du nickel. Les films épais sont obtenus à partir de j = 5 mA cm^{-2}.

V.2.3- Mode potentiostatique

Dans le but de mieux localiser les potentiels à partir desquels la réaction d'électropolymérisation est effective sur fer, acier galvanisé, cuivre, laiton et nickel, nous avons en recours à une étude de l'électrosynthèse du polypyrrole en milieu $\{H_2O + Na_2C_4O_6H_4\ 0.2\ M + pyrrole\ 0.5\ M\}$ sur des électrodes constituées des divers substrats métalliques par la méthode potentiostatique.

Effectivement, comme prévu, le potentiel pour lequel des films homogènes de PPy sont obtenus dépend de la nature du matériau qui compose l'électrode de travail. La figure 20 et le tableau VII donnent un aperçu sur ces valeurs seuils de potentiel.

Il reste à signaler que sur nickel une valeur de potentiel de 0.6 V *vs.* Ag/AgCl est suffisante pour déclencher la formation des premiers germes de PPy et la croissance du polymère, ce qui prouve le caractère catalytique du nickel et confirme les observations effectuées en mode galvanostatique dans le cas de ce métal.

V.3- Rendement faradique de l'électropolymérisation

Les rendements faradiques de la réaction d'électropolymérisation ont été évalués en se basant sur les équations présentées plus haut dans ce chapitre. Les valeurs calculées sont rassemblées sur le tableau VIII

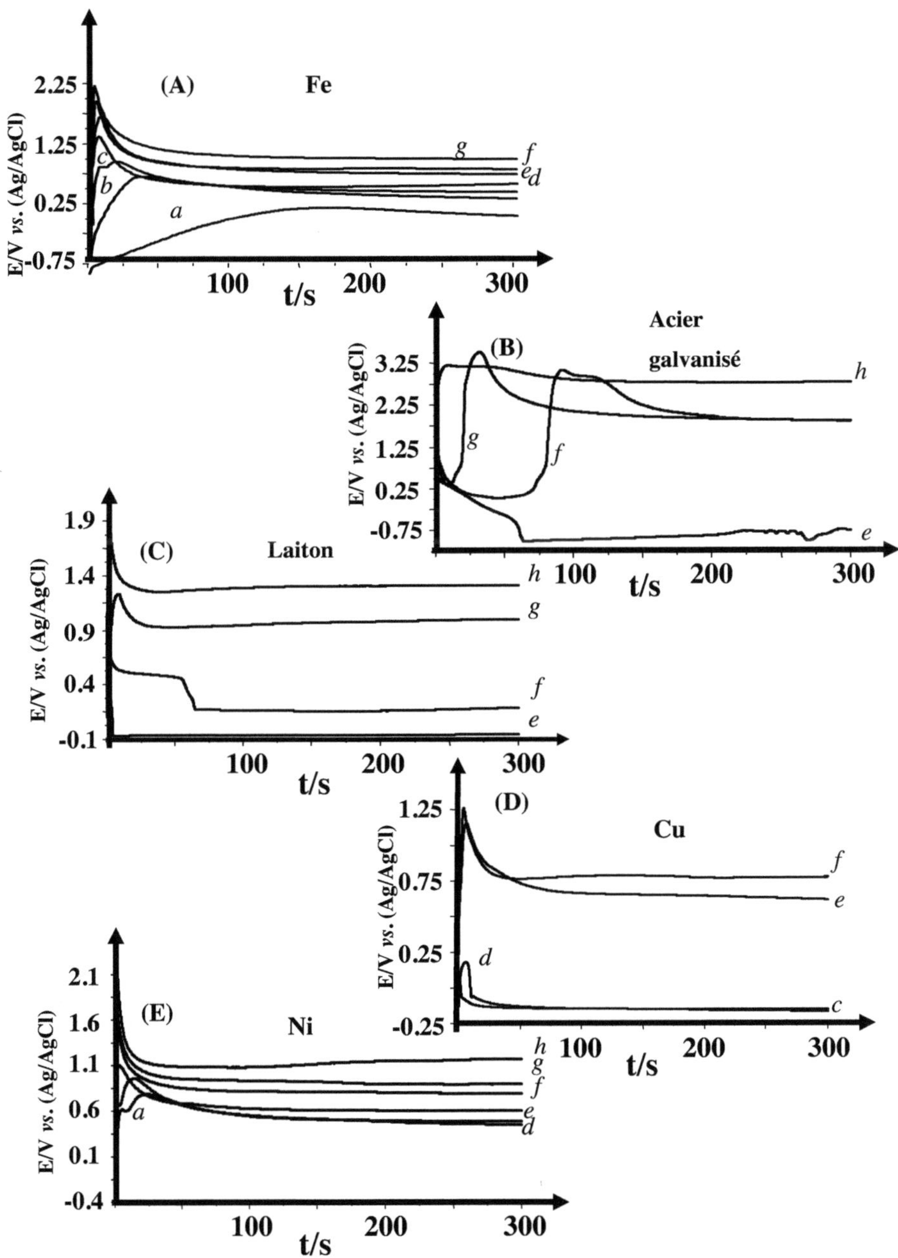

Figure 19 : Courbes chronopotentiométriques obtenues en milieu {H2O + $Na_2C_4H_4O_6$ 0.2 M + pyrrole 0.5 M} sur électrodes de fer (A), acier galvanisé (B), laiton (C), cuivre (D) et nickel (E).a)0.1 mA cm^{-2}, b)0.3 mA cm^{-2}, c)0.5 mA cm^{-2}, d)1 mA cm^{-2}, e)5 mA cm^{-2}, f)10 mA cm^{-2}, g)15 mA cm^{-2} et h)15 mA cm^{-2}

Tableau VIII : Rendements faradiques de la réaction d'électropolymérisation du pyrrole calculés pour les divers substrats métalliques oxydables.

Substrat	Rendement faradique
Fer	85%
Cuivre	85%
Nickel	85%
Laiton	80%
Acier galvanisé	45%

Ce qu'il faut retenir de ces données c'est le rendement faradique élevé dans le cas du fer, de cuivre, du nickel et du laiton. Ces valeurs montrent que presque la totalité de la charge imposée est consommée par l'oxydation du monomère et la formation du polymère. En outre la légère différence entre la valeur associée au laiton (80%) et celle correspondant au cuivre (85%) provient sans doute de la quantité de zinc qui se trouve mélangée au cuivre dans le laiton et qui s'oxyde plus facilement que la cuivre, d'où une quantité de la charge est consommée par l'oxydation du zinc dans cet alliage.

On relève également la valeur relativement faible du rendement faradique calculé dans le cas de l'acier galvanisé. Cette valeur est du même ordre de grandeur que celle obtenue dans le cas d'une électrode de zinc pur.

V.4- Adhérence des films de PPy aux substrats métalliques oxydables

L'adhérence est estimée comme précédemment par le test au ruban adhésif normalisé appliqué aux films de polypyrrole électrosynthétisés sur des plaques de fer, d'acier galvanisé, de cuivre, du laiton et de nickel.

Comme le montre le tableau IX, tous les revêtements de polypyrrole sont parfaitement adhérents sur toute la gamme de densités de courant imposées à

Tableau VII: Electropolymérisation du pyrrole par méthode potentiostatique en milieu H_2O + $Na_2C_4O_6H_4$ 0.2M + pyrrole 0.5M sur fer, acier galvanisé, cuivre, laiton et nickel

Potentiel appliqué	Fer			Acier galvanisé			Cuivre			Laiton			Nickel		
V/(Ag/AgCl)	J/mAcm^{-2} du palier	Obtention de film	Homo-géneité	J/mAcm^{-2} du palier	Obtention de film	Homo-géneité	Homo-géneité	Obtention de film	Homo-géneité	J/mAcm^{-2} du palier	Obtention de film	Homo-géneité	Homo-géneité	J/mAcm^{-2} du palier	Obtention de film
0.6	2	O	–	6.5	N		1.5	O	+	8	N		2	O	–
0.8	8	O	+	7.0	O	–	5.0	O	+	9	O	+	11	O	+
1.0	16	O	+	8.5	O	+	13.5	O	+	13	O	+	24	O	+
1.2	38	O	+	11.5	O	+	30	O	+	19	O	+	32	O	+
1.4	46	O	+	16.5	O	+	36	O	+	30	O	+	38	O	+

O : *Formation d'un film de polypyrrole*
N : *Pas de formation de film de polypyrrole*
+ : *Film homogène*
– : *Film inhomogène*

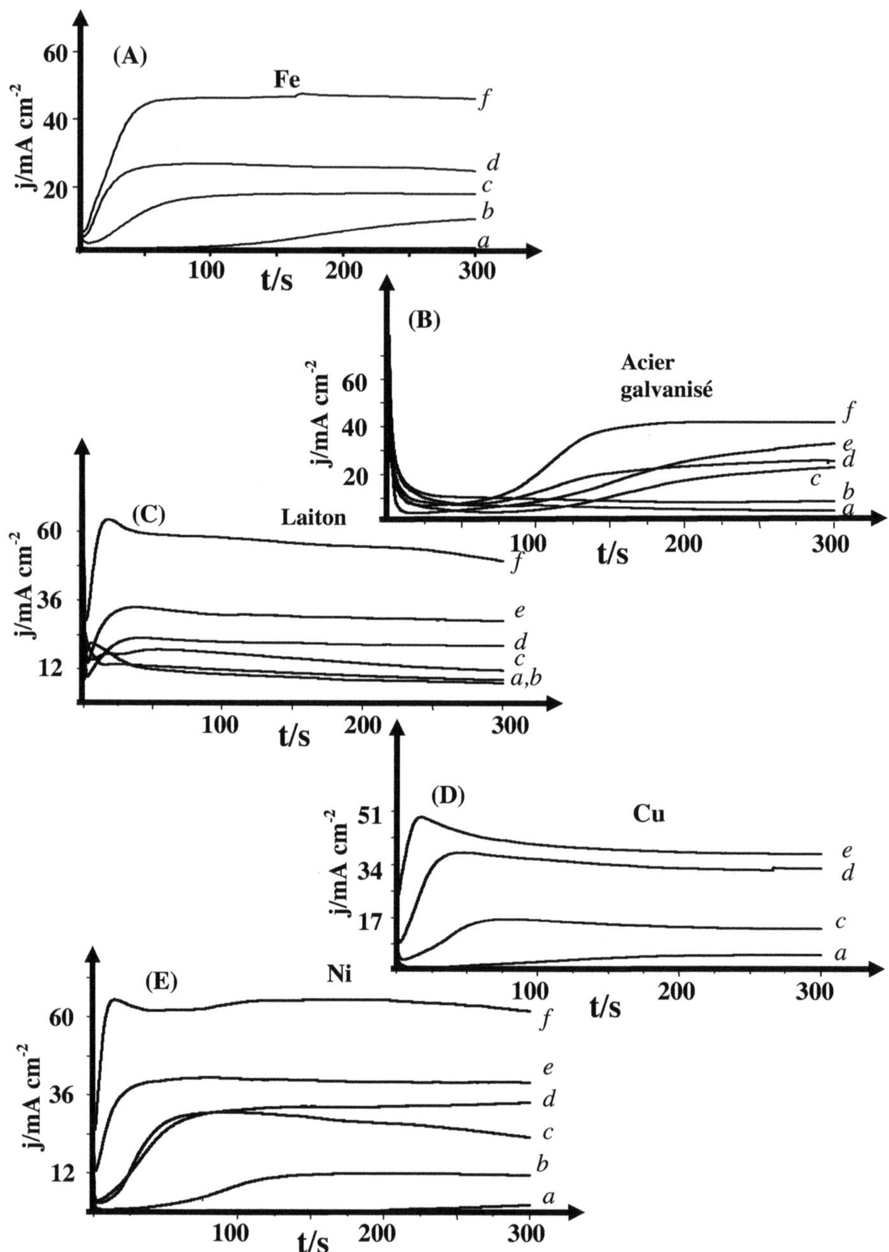

Figure 20 : Courbes chronoampérométriques obtenues sur électrodes de fer (a), acier galvanisé (b), cuivre (c), laiton (d) et nickel (e) en milieu {H_2O + $Na_2C_6H_4O_6$ 0.2 M + pyrrole 0.5 M} .a) 0.6 V, b) 0.8 V, c) 1.0 V, d) 1.2 V, e) 1.4 V et f) 2 V *vs*. Ag/AgCl

l'exception du nickel et pour des densités de courant élevées pour lesquelles le taux d'adhérence passe de 100% pour j = 15 mA cm^{-2} à 25% pour j = 25 mA cm^{-2}.

Tableau IX : Variation du pourcentage d'adhérence du film de PPy en fonction de la densité de courant d'électrosynthèse et de la nature du substrat métallique qui constitue l'électrode.

Densité de courant	Fer	Acier galvanisé	Cuivre	Laiton	Nickel
5	100%	-	-	-	100%
10	100%	100%	100%	-	100%
15	100%	100%	100%	100%	100%
20	100%	100%	100%	100%	75%
25	100%	100%	100%	100%	25%

VI- Concrétisation de la technique d'électrosynthèse

Dans le but de concrétiser notre étude sur l'électropolymérisation du pyrrole sur divers substrats oxydables en milieu aqueux $\{H_2O + Na_2C_4O_6H_4\ 0.2\ M + pyrrole\ 0.5\ M\}$et que nous avons présentée en détail dans ce chapitre, nous donnerons dans ce qui suit un exemple d'application que nous avons réalisé au laboratoire et qui met en valeur notre technique d'électropolymérisation.

Après avoir discuter des performances anticorrosion des revêtements polymériques obtenus, nous aborderons à travers cet exemple les possibilités d'application de ces revêtements dans un but de protéger les substrats métalliques contre la corrosion tout en leur donnant un aspect esthétique agréable.

Notre choix c'est porté sur le laiton car souvent les objets en laiton perdent leur brillance au contact de l'environnement par la formation d'un film d'oxyde. Un polissage chimique ou mécanique est souvent nécessaire pour rendre à ces pièces leur éclat de départ. Une autre solution à ce problème consiste à appliquer des couches minces et transparentes de vernis ou d'autres revêtements appliqués manuellement et susceptibles de garder ou d'exalter l'aspect esthétique des objets en laiton. Cependant, l'usage répétitif de ces objets (Exemple : poignées de porte, robinets…) réduit la durée de vie de ces revêtements.

Partant de ce constat, nous avons entrepris d'essayé de réaliser un dépôt de polypyrrole en milieu aqueux {H_2O + $Na_2C_4O_6H_4$ 0.2 M + pyrrole 0.5 M} sur des poignées métalliques en laiton, et nous avons procédé comme suit :

Après un dégraissage industriel (voir annexe) nous avons disposé à tour de rôle les poignées en laiton comme électrodes de travail dans une cellule électrochimique constituée d'un bêcher contenant la solution aqueuse d'électrosynthèse et nous leur avons imposé une densité de courant de 15 mA cm^{-2} pendant 10 min à l'aide d'un générateur de courant. Nous avons ainsi obtenu des films noir épais homogène, et adhérent de PPy sur les deux poignées. Après deux polissages soigneux de la surface couverte de PPy au papier abrasif 1000 puis à la pâte diamantée 1μ les poignées ont pris une brillance remarquable comme le montre la photographie présentée sur la figure 21.

Partant de cet exemple d'application, il s'avère clairement que l'électrosynthèse de polymères conducteurs sur les surfaces métalliques oxydables ne se limite pas seulement à des objectifs de protection contre la corrosion, mais les dépasse vers d'autres finalités dont notamment l'esthétique des objets faits à base de matériaux oxydables. Ce côté et d'autant plus important qu'il existe toute une gamme de polymères conducteurs dotés de couleurs belles et variées (voir section : propriétés optiques, chapitre I).

Finalement, il faut signaler que cette application n'est pas limitée aux matériaux en laiton seulement, mais peut être appliquée aussi à tout objet fait à base de métaux oxydables et dont on se sert fréquemment dans notre vie quotidienne.

Figure 21 : Poignées en laiton recouvertes de films de polypyrrole obtenus par electropolymérisation du pyrrole en milieu {H_2O + $Na_2C_4O_6H_4$ 0.2 M + Pyrrole 0.5 M} à courant constant j =15mA cm^{-2} pendant 10 min. Pour comparaison les poignées nues et recouvertes sont présentées côte-à-côte.

VII- Conclusion

Dans ce chapitre, nous avons montré la possibilité de faire croître des films de polypyrrole à la surface des métaux oxydables usuels, notamment sur le zinc et des substrats zingués utilisés à grande échelle dans l'industrie. Les revêtements polymériques obtenus en milieu aqueux {H_2O + $Na_2C_4O_6H_4$ 0.2 M + pyrrole 0.5 M} sont homogènes et très adhérents malgré que les supports métalliques oxydables n'ont pas subi de traitements chimiques ou électrochimiques de passivation préalables.

En outre, les tests au brouillard salin infligés à ces échantillons ont montré que les films préparés dans ce milieu électrolytique aqueux sous ultrasons sont dotés de capacités de protection anticorrosion très élevées. Chose que nous avons attribuée au nettoyage continu par les vagues ultrasoniques de la surface métallique de toute substance résiduelle susceptible de réduire le taux d'accrochage du polymère à la surface de l'électrode lors de son électrosynthèse

Par ailleurs, diverses techniques d'analyse spectroscopiques et microscopiques ont été utilisées pour caractériser les revêtements obtenus. En particulier, la microscopie électronique à balayage a révélé une structure morphologique homogène et compacte des films et a permis une évaluation de leurs épaisseurs qui s'échelonnent, suivant la valeur du potentiel ou du courant imposés ou le nombre de balayages cycliques de potentiels effectués, entre quelques nanomètres et quelques dizaines de micromètres.

D'autre part, l'analyse élémentaire par la spectroscopie de photoélectron X et l'analyse vibrationnelle par les spectroscopies infra-rouge et Raman ont indiqué que le revêtement élaboré dans le milieu aqueux {H_2O + $Na_2C_4O_6H_4$ 0.2 M + pyrrole 0.5 M} présente les mêmes caractéristiques structurales que celui obtenu classiquement en milieu organique sur des substrats nobles comme le platine.

Enfin, pour mieux illustrer notre étude, nous avons prouvé à travers l'élaboration d'un film de PPy homogène et adhérent sur une poignée de porte en laiton que le revêtement grâce à ses très bonnes performances peut assurer un double rôle qui consiste à protéger efficacement l'objet métallique contre la corrosion tout en lui assurant un aspect esthétique agréable.

[1] C.A. Ferreira, B. Zaïd, S. Aeiyach and P.C. Lacaze in P.C. Lacaze (Ed.), *Organic Coatings*, AIP Press, Woodbury, New York, 1996. p. 159-165.

[2] B. Zaïd, S. Aeiyach, P.C. Lacaze and H. Takenouti, *Electrochim. Acta.*, **43** (1998) 2331.

[3] P.C. Lacaze, C.A. Ferreira, S. Aeiyach, *Brevet Français*, PSA-Citroen n° 9214092 21/11/1992.

[4] S. Aeiyach, B. Zaid and P.C. Lacaze, *Electrochim. Acta.*, **44** (1999) 2889.

[5] J. Petitjean, S. Aeiyach, J.C. Lacroix and P.C. Lacaze, *J. Electroanal. Chem.*, **478** (1999) 92.

[6] S. Aeiyach, P.C. Lacaze, M. Hedayatullah, J. Petitjean, *Brevet Français*, Sollac n° 9315385 21/12/1993.

[7] M.J. Fish and D.F. Ollis, *J. Catalysis*, **50** (1977) 353.

[8] J.F. Moulder, W.F. Stickle, P.E. Sobol and K.D. Bomben, *Handbook of X-ray photoelectron spectroscopy*, ed. J. Chastain, Perkin-Elmer Corporation, Eden Prairie (1992), p. 204.

[9] C.D. Wagner, *Auger and photoelectron energies and the Auger parameter.* Practical surface analysis by Auger and electron spectroscopy, Vol. 1, 2nd Ed., eds. D. Briggs, M.P. Seah, Wiley, New York (1990), p. 477-483.

[10] B. Wessling and J. Posdorfer, *Electrochim. Acta.*, **44** (1999) 2139.

[11] G. Moretti, *Journal of Electron Spectroscopy and Related Phenomena*, **95** (1998) 95.

[12] T.C. Lin, G. Seshadri and J.A. Kelber, *Appl. Surf. Sci.*, **119** (1997) 83.

[13] F. Beck, R. Michaelis, F. Schloten and B. Zinger, *J. Electrochem. Acta.*, **39** (1994) 229.

[14] M. Shirmeisen and F. Beck, *J. Appl. Electrochem.*, **19** (1989) 401.

[15] M. Boman, S. Stafström and J.L. Brédas, *J. Chem. Phys.*, **97** (1992) 9144.

[16] C. Fredriksson and J.L. Brédas, *J. Chem. Phys.*, **98** (1993) 4253.

[17] P. Dannetun, M. Boman, S. Stafström, R. Lazzarini, C. Fredriksson, J.L. Brédas, R. Zamboni and C. Taliani, *J. Chem. Phys.*, **99** (1993) 664.

[18] A. Calderone, R. Lazzaroni and J.L. Brédas, *Synth. Met.*, **55** (1993) 4620.

[19] R. Lazzaroni, J.L. Brédas, P. Dannetun, C. Fredriksson, S.Stafström and W.R. Salaneck, *Electrochim. Acta.*, **39** (1994) 235.

[20] A. Calderone, R. lazzaroni and J.L. Brédas, *Phys. Rev.*, **49** (1994) 14418.

[21] E.A. Bazzaoui, J. Aubard, A. Elidrissi, A. Ramdani and G. Lévi, *J. Raman Spectrosc.*, **29** (1998) 799.

[22] E.A. Bazzaoui, S. Aeiyach and P.C. Lacaze, *J. Electroanal. Chem.*, **364** (1994) 63.

[23] G. Socrates, *Infrared Characteristic Group Frequencies*, Wiley, Chichester, (1980).

[24] K.M. Cheung, D. Bloor and G.C. Stevens, *Polymer*, **29** (1988) 1709.

[25] G.B. Street, T.C. Clarke, M. Krounbi, K.K. Kanazawa, V. Lee, P. Pfluger, J.C. Scott and G. Weiser, *Mol. Cryst. Liq. Cryst.*, **83** (1982) 253.

[26] S. Ghosh, G.A. Bowmarker, R.P Cooney and J.M. Seakins, *Synth. Met.*, **95** (1998) 63.

[27] J.B. Schlenoff and H. Xu, *J. Electrochem. Soc.*,**139** (1992) 2397.

[28] F. Beck, P. Braun and M. Oberst, *Ber. Bunsenges. Phys. Chem.*, **91** (1987) 967.

[29] P. Novak, B. Rasch and W. Vielstich, *J. Electrochem. Soc.*, **138** (1991) 3300.

[30] K.G. Neoh, K.K.S. Lau, V.V.T. Wong, E.T. Kang and K.L. Tan, *Chem. Mater.*, **8** (1996) 167.

[31] E.A. Bazzaoui, *Thèse de Doctorat Es-Sciences, Université M^{ed} Ier*, Septembre 1999.

[32] E. Faulques, W. Wallnöfer and H. Kuzmany, *J. Chem. Phys.*, **90** (1989) 7885.

[33] G. Tourillon and F. Garnier, *J. Polym. Sci.*, **22** (1984) 33.

[34] A. Yassar, J. Roncali and F. Garnier, *Macromol.*, **22** (1989) 804.

[35] ASTM (Ed), *Standard Method of Salt Spray (Fog) Testing, Electrodeposited Metallic Coatings; Metal Powders; Sintered P/M Structural Parts*, Philadelphia (1975) page 11.

[36] T.J. Mason and J.P. Lorimer, *Sonochemistry: Theory, Applications and uses of ultrasound in chemistry*, Ellis. Horwood Ltd; Chichester, (1988).

[37] R. Walker and C.T. Walker; *Ultrasonics*, Vol. 13 (1975) 79.

Chapitre V

Extension de la technique d'électropolymérisation à l'élaboration de films de polythiophène sur zinc et alliages de zinc en milieux organiques

I- Introduction

Dans les chapitres précédents nous avions étudié deux procédures d'élaboration de films de PPy homogènes et adhérents à la surface du zinc et des alliages de zinc. La première méthode consistait à utiliser des solvants organiques à caractère neutre ou acide -suivant le concept d'acidité de Gutmann- en présence d'anions tosylate, et la seconde, plus originale, se basait sur l'utilisation de tartrate de sodium pour réaliser l'électropolymérisation en milieu aqueux.

Les résultats particulièrement prometteurs obtenus avec le PPy nous ont encouragé à étendre ces études à un autre polymère conducteur qui est le polythiophène. Le fait que le thiophène se prête plus facilement que le pyrrole aux réactions de fonctionnalisation constitue un grand avantage pour l'obtention d'une large gamme de polymères dérivés dotés de propriétés diverses. Cependant, dans ce cas, de grandes difficultés sont attendues dans le processus d'électropolymérisation en raison du potentiel d'oxydation élevé du thiophène.

Dans ce contexte, un nombre très limité de tentatives d'élaboration de couches de polythiophène par voie électrochimique à la surface de métaux oxydables a été fait. Des films de poly (3-méthylthiophène) ont été déposés sur Ti/TiO$_2$ pour oxydation anodique du 3-méthylthophène en milieu acétonitrile [1] mais leurs propriétés anti-corrosion étaient médiocres et le polymère était instable à l'air. Le même monomère a été également électropolymérisé sur acier inoxydable [2], et il a été montré que le film protégeait efficacement le substrat métallique en milieu acide sulfurique 0.5 M aéré ou désaéré. Des films de polythiophène d'environ 100μm d'épaisseur ont été également déposés sur des électrodes d'acier par oxydation électronique du thiophène en appliquant des rampes de courant (I-t) ou de potentiel (E-t) de formes trapézoïdales [3]. Les films obtenus dans ce cas étaient caractérisés par des conductivités relativement élevées.

Récemment, il a été montré que des films peuvent être élaborés sur électrodes de fer par oxydation du thiophène ou du 3-méthylthiophène en milieu carbonate de propylène et en présence de N(Bu)$_4$PF$_6$ [4]. Barsh et Beck [5] ont réalisé l'électropolymérisation du bithiophène sur fer dans des milieux hydro-organiques en présence de nitrate de potassium ou d'acide oxalique, et ont montré que les films obtenus étaient homogènes, adhérents et relativement épais (2µm). Ce procédé a été étendu par Lang *et al.* [6] aux cas d'électrodes en Al et Ti en milieu acétonitrile avec LiClO$_4$. Une amélioration de la qualité des films a été observée lorsque la surface des électrodes était préalablement traitée par des thiols aliphatiques ou aromatiques.

Une voie originale d'électrosynthèse a été développée dernièrement et consiste à utiliser des milieux aqueux micellaires pour réaliser l'électropolymérisation du bithiophène sur électrodes de fer. Il a été montré pour la première fois que l'ajout du dodecylsulfate de sodium comme surfactant au milieu aqueux présentait l'avantage d'augmenter la miscibilité du bithiophène avec l'eau, de diminuer son potentiel d'oxydation et de modifier les propriétés de l'interface métal/solution en inhibant l'oxydation de l'électrode de fer et en favorisant la croissance d'un film homogène de polybithophène à la surface du fer.

Très récemment, une étude plus détaillée sur l'électropolymérisation du thiophène sur métaux oxydables, en milieu organique a été rapportée [7]. Les auteurs ont montré que la passivation de la surface métallique était nécessaire au déclenchement de la réaction d'électropolymérisation. Cette passivation est assurée par l'adsorption d'espèces intermédiaires résultant d'interactions spécifiques entre le métal, le solvant, l'anion dopant et le monomère.

Partant de cette dernière étude, nous nous sommes fixés comme objectif de réussir l'électropolymérisation du thiophène sur les substrats zingués étudiés dans les chapitres précédents, à savoir le zinc pur, l'alliage de zinc A (Zn 65%, Pb 10% et Ag 25%) et l'alliage de zinc B (Zn 30%, Pb 60% et Ag 10%).

La réussite de l'électrosynthèse de films de polythiophène épais, homogènes et adhérents sur le zinc et ses alliages aurait sans doute un impact économique considérable. Cependant, les difficultés d'élaboration de couches de ce polymère sur les substrats zingués sont certainement plus sérieuses que celles rencontrées dans le cas du PPy. En effet, le thiophène s'oxyde à un potentiel beaucoup plus positif que celui du pyrrole (1.6 V *vs.* ECS [8-15] au lieu de 0.7 V *vs.* ECS [8,16]), tandis que le zinc se dissous à -1.0 V *vs.* ECS [17]. D'où la nécessité de trouver des conditions d'électrolyse susceptibles de réduire la vitesse de dissolution anodique du métal sans bloquer l'électropolymérisation du thiophène. De ce point de vue nous nous appuierons sur quelques résultats décrits dans la référence [7] pour amorcer notre étude.

II- Aperçu bibliographique

Au début de ce chapitre et dans le but de justifier notre choix du sel $N(Bu)_4PF_6$ et des solvants organiques à caractères acides, nous donnerons un bref aperçu sur les résultats bibliographiques acquis [7], concernant l'effet du solvant et de l'électrolytes support sur la réaction d'électropolymérisation du thiophène notamment sur électrodes de fer.

II.1- Choix de l'électrolyte support

Généralement le carbonate de propylène (PC) a été le plus souvent utilisé en association avec des sels de PF_6^- tels que $N(Bu)_4PF_6$ et $N(Et)_4PF_6$, et s'est avéré être le milieu pour le quel les films de polythiophène obtenus sur électrodes de métaux nobles ou inertes présentaient les meilleurs propriétés mécaniques (homogénéité, compacité, plasticité,.....). Le milieu apparaissait par ailleurs également convenir pour réaliser l'électropolymérisation du thiophène sur fer.

La figure 1a résume les résultats bibliographiques concernant l'influence du sel sur le processus de dissolution du fer [7]. Trois sel ont été testés, $N(Bu)_4PF_6$, $N(Bu)_4ClO_4$ et $N(Bu)_4CF_3SO_3$ à des concentrations de 0.1 M en milieu carbonate de propylène.

D'après ces courbes expérimentales il apparaît que dans le cas des sels $N(Bu)_4CF_3SO_3$ et $N(Bu)_4ClO_4$, la variation de la masse de l'électrode après 5 min d'électrolyse est négative et linéaire avec la densité de courant, ce qui implique qu'en présence de ces électrolytes l'oxydation du fer est active. Par contre, la situation est totalement différente en présence de $N(Bu)_4PF_6$. En effet, à des densités de courant

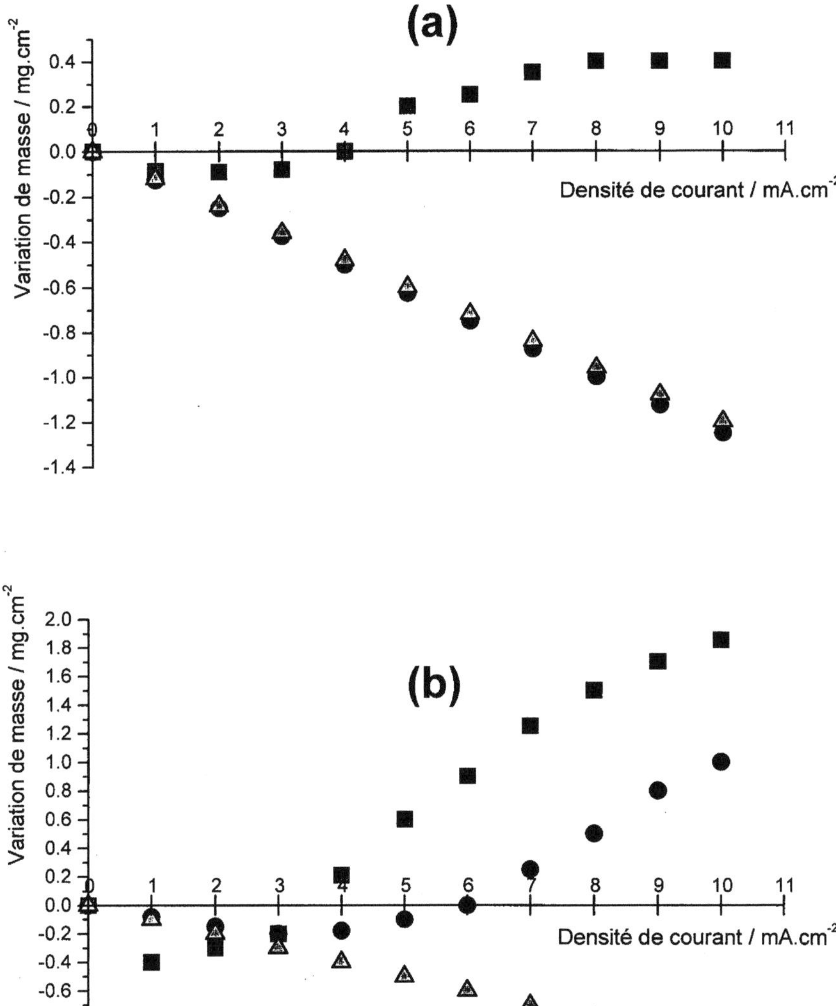

Figure 1 : Variation de la masse de l'électrode de fer en fonction de la densité de courant appliquée en milieu propylène carbonate en présence de divers électrolytes supports :
a) sans monomère et **b)** avec 0.5 M thiophène.
■ : $N(Bu)_4PF_6$, ● : $N(Bu)_4ClO_4$,   : $N(Bu)_4CF_3SO_3$.

inférieures à 4 mAcm^{-2}, l'électrode de fer subit une légère dissolution, puis pour j supérieure à 4 mAcm^{-2}, la variation de la masse de l'électrode devient positive, ce qui implique dans ce cas la formation d'une couche protectrice qui inhibe la corrosion du fer.

De la même manière, l'effet du sel sur la réaction d'électropolymérisation du thiophène sur électrodes de fer dans le milieu carbonate de propylène a été étudié. Des densités de courant comprise entre 0.1 et 0.2 mA cm^{-2} ont été appliquées à l'électrode de travail pendant 5 min en milieu PC + N(Bu)$_4$X 0.1 M (X$^-$ = PF$_6^-$, ClO$_4^-$ ou CF$_3$SO$_3^-$) + thiophène 0.5 M (Fig. 1b)

Dans le cas de l'anion CF$_3$SO$_3^-$, la perte de masse est négative et présente la même allure linéaire que celle observée précédemment en absence du monomère, Ces comportements identiques enregistrés en absence et en présence du monomère dans le cas de ce sel indiquent la totalité du courant d'électrolyse est utilisée pour la dissolution du fer.

Lorsque le perchlorate ClO$_4^-$ est utilisé comme sel de fond, à des densités de courant inférieures à 6 mA cm^{-2}, la perte de masse est moins importante que dans le cas de CF$_3$SO$_3^-$ et reste néanmoins négative ; elle ne devient positive que pour des densités de courant supérieures à 6 mA cm^{-2}. Pour ces dernières valeurs du courant d'électrolyse on observe la formation de films de PT faiblement adhérents.

Dans le cas de l'anion PF$_6^-$ les résultats de l'électropolymérisation sont différents des deux autres cas exposés précédemment. Le comportement électrochimique du métal en présence du thiophène est en accord avec son comportement en absence du monomère. Pour des densités de courant inférieures à 4 mA cm^{-2} la variation de la masse de l'électrode est négative et correspond à la dissolution du métal. Pour j $\geq$ 4 mA cm^{-2} la variation de masse devient positive, ce qui indique que la réaction d'électropolymérisation devient effective. Par ailleurs, cette variation de masse croît régulièrement avec la densité de courant imposée, ce qui implique qu'une fois la surface de l'électrode stabilise par un film de PT, la croissance du polymère devient régulière et comparable à celle observée habituellement sur électrodes de métaux nobles.

De cet ensemble de résultats il ressort que $N(Bu)_4PF_6$ est le seul parmi les trois électrolytes utilisés qui réduit de façon importante la dissolution anodique du fer en milieu carbonate de propylène et favorise ainsi l'électropolymérisation du thiophène avec un bon rendement faradique (85%).

II.2- Choix du solvant

Après optimisation de l'effet du sel et qui a abouti au choix de $N(Bu)_4PF_6$ comme électrolyte support le plus adapté à ce genre d'électrolyses, cette étude a été complétée par une étude systématique sur le comportement électrochimique du zinc et sur la réaction d'électropolymérisation du thiophène à la surface de ce substrat métallique.

Dans cette étude trois solvants de propriétés acido-basiques différentes ont été choisis : le dichlorométhane considéré comme acide (DN = 4), le carbonate de propylène de caractère neutre (DN = 15.1) et enfin le tétrahydrofuranne nettement plus basique (DN = 20).

Suivant les cas, le comportement du zinc dans chaque solvant est plus ou moins guidé par le processus de dissolution anodique de l'électrode qui entre en compétition avec la réaction d'électropolymérisation du thiophène. Ainsi, pour une valeur imposée du courant d'électrolyse, la cinétique de la réaction est constante, et la détermination de la variation de masse indiquera clairement si la réaction d'électrolyse est consacrée à la dissolution du métal ou à l'oxydation du milieu électrolytique, avec éventuellement la formation de couches inhibitrices de l'oxydation du métal.

La figure 2 représente la variation de la masse de l'électrode de zinc après 5 min d'électrolyse, en fonction des densités de courant appliquées dans les divers solvants en présence de $N(Bu)_4PF_6$ 0.1 M. Dans le cas du dichlorométhane, solvant à caractère acide, une légère passivation de l'électrode se manifeste lorsque la densité de courant dépasse 2.5 mA cm^{-2}. Effectivement, à partir de cette valeur de densité de courant la courbe expérimentale s'écarte de la courbe théorique de dissolution pure du zinc. En milieux neutre (carbonate de propylène) et basique (tetrahydrofurane) le zinc se dissous d'une manière très active ; la courbe $\Delta m = f(j)$ épouse d'une manière parfaite la courbe théorique de dissolution de ce métal, ce qui indique que les charges appliquées sont consommées à 100% dans la réaction de dissolution du zinc.

En conclusion, compte tenu de ces résultats il s'avère que des milieux électrolytiques constitués de solvants organiques à caractères acides en présence de $N(Bu)_4PF_6$ comme électrolyte support apparaissent plus prometteurs pour l'élaboration de films homogènes et adhérents de polythiophène à la surface du zinc et des alliages de zinc.

III- Electropolymérisation du thiophène sur zinc et alliages de zinc

III.1- Comportement électrochimique du zinc et alliages de zinc en milieu {solvant + $N(Bu)_4PF_6$ 0.1M}

En se basant sur les résultats précédents nous avons envisagé d'étudier la possibilité d'électrodéposer des films de polythiophène sur des électrodes de zinc et alliages de zinc A et B dans des milieux à caractères acides tels que le dichlorométhane et le nitrobenzène en présence de $N(Bu)_4PF_6$ comme sel de fond. Mais au préalable nous analyserons les comportements électrochimiques du zinc et de ses alliages dans les mêmes milieux électrolytiques en absence du monomère.

III.1.1- Milieu dichlorométhane

Les courbes voltammétriques obtenues sur le zinc en milieu {CH_2Cl_2 + $N(Bu)_4PF_6$ 0.1M} (Fig. 3a) sont très complexes et difficilement interprétables. On peut noter

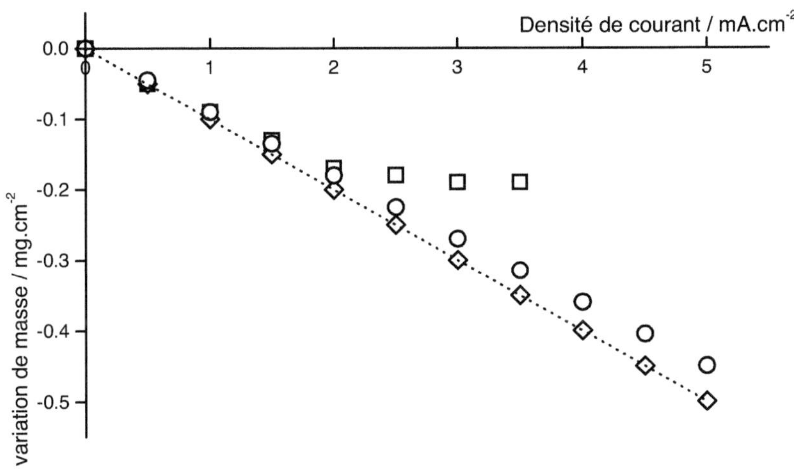

Figure 2 : Variation de la masse de l'électrode de zinc en fonction de la densité de courant appliquée en milieu {**solvant** + N(Bu)$_4$PF$_6$ 0.1M} : □ : CH$_2$Cl$_2$, O : PC, ◇ : THF. La droite en pointillés correspond à la dissolution théorique du zinc.

toutefois qu'une légère passivation se manifeste au cours des balayages successifs et qui est attribuable à l'action des fluorures sur le zinc.

Quand l'électrode de travail est constituée de l'alliage de zinc A, le premier balayage fait apparaître un pic d'oxydation à 1.7V (Fig. 3b), observé également sur platine polarisé dans les mêmes conditions (Fig. 3c). Ce pic peut être attribué à l'oxydation de PF$^-_6$ par analogie avec les observations de Shifler *et al.* [18] et Abraham *et al.* [19] qui ont conclu à l'oxydation de AsF$^-_6$ à ce même potentiel. Ce qui conduit à la formation d'une couche de fluorure passivante et qui se manifeste par la diminution de l'intensité du courant dans le second balayage cyclique de potentiel.

Dans le cas d'alliage de zinc B une forte dissolution anodique se produit tous au long du balayage cyclique (Fig. 3d). Aucune passivation n'est observée et la diffusion d'une substance blanche vers la solution traduit la dissolution active de l'électrode de travail.

III.1.2- Milieu nitrobenzène

Les voltammogrammes associés à l'électrode de zinc polarisée en milieu $C_6H_5NO_2$ en présence de NBu_4PF_6 0.1M (Fig. 4a) présentent un pic d'oxydation observé dès le premier cycle vers 0.7 V/ECS avec une densité de courant de 4 $mA.cm^{-2}$. Ce pic se déplace vers des potentiels plus bas et diminue en intensité progressivement avec la succession des cycles. Ce comportement traduit une compétition entre la réaction d'oxydation du zinc et le processus de passivation de la surface de l'électrode.

La courbe i = f(E) de polarisation d'une électrode d'alliage de zinc A en milieu $\{NO_2C_6H_5 + N(Bu)_4PF_6$ 0.1M$\}$ révèle des murs d'oxydation commençant à 0V (Fig. 4b). La densité de courant diminue et atteint 6 $mA.cm^{-2}$ à 2 V au 10ème cycle. Cependant aucune dissolution de l'électrode n'est enregistrée.

La courbe voltampérométrique de polarisation d'une électrode d'alliage de zinc B (Fig. 4d) en milieu nitrobenzène est semblable à celle enregistrée dans le cas de l'alliage de zinc A (Fig. 4b). Elle est caractérisée par une montée du courant à partir de 0 V. Les densités de courant enregistrées dans ce cas sont trop élevées et une dissolution active accompagnée d'un dépôt blanc d'oxydes à la surface de l'électrode de travail se produit

III.2- Electropolymérisation du thiophène sur zinc et alliages de zinc en milieu {Solvant + $N(Bu)_4PF_6$ 0.1 M + thiophène 0.5 M}

Dans ce qui suit nous allons comparer les possibilités d'électrodéposition de films de polythiophène en milieux dichlorométhane et nitrobenzène en présence de $N(Bu)_4PF_6$ 0.1 M et de thiophènne 0.5 M selon les trois méthodes électrochimiques potentiodynamique, galvanostatique et potentiostatique.

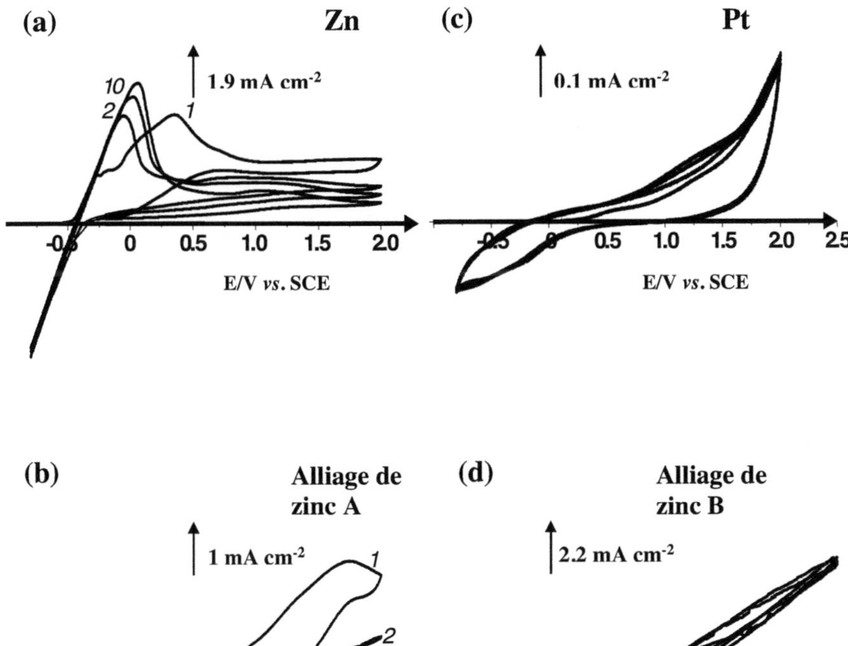

Figure 3 : Courbes voltammétriques j-E obtenues en milieu dichlorométhane + N(Bu)$_4$PF$_6$ 0.1M, sur électrodes de platine, de zinc et d'alliages de zinc A et B.
Vitesse de balayage V_b = 100 mV s^{-1}.

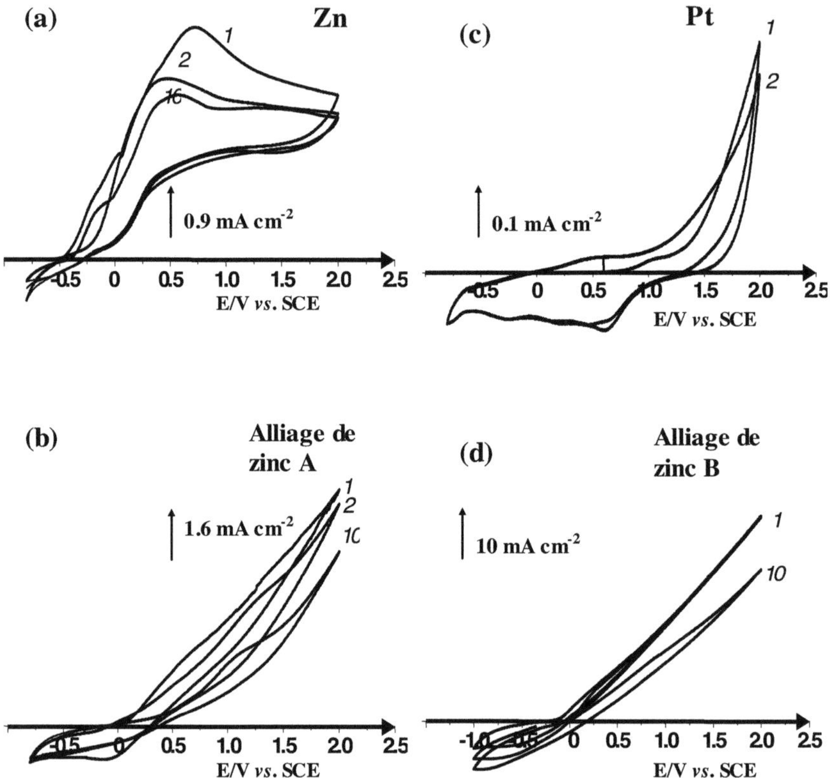

Figure 4 : Courbes voltammétriques j-E obtenues en milieu nitrobenzène + N(Bu)$_4$PF$_6$ 0.1M, sur électrodes de platine, de zinc et d'alliages de zinc A et B.
Vitesse de balayage V_b = 100 mV.s^{-1}.

III.2.1- Voltammétrie cyclique

a) Milieu dichlorométhane

Dans le cas du zinc (Fig. 5a) la densité de courant croit en fonction du nombre de cycles de potentiel balayés et un film noir de polythiophène se développe sur la surface de l'électrode de zinc. Lors du premier balayage de potentiel l'allure du voltammogrammme est semblable à celui observé en absence du monomère. Ce comportement traduit une légère oxydation de l'électrode suivie de la formation d'une couche de fluorure passivante qui permet ensuite à la réaction d'électropolymérisation d'avoir lieu.

A titre comparatif, sur électrode de Pt (Fig. 5b) le thiophène s'oxyde vers 1.6 V. Ensuite, deux pics anodique et cathodique associés à l'oxydation et à la réduction respectives du polythiophène qui se dépose à la surface de l'électrode apparaissent, et avec la succession des balayages cycliques de potentiel le courant de ces pics augmente en raison de la croissance régulière de l'épaisseur du film de polymère conducteur et électroactif.

Malgré la compléxité des voltammogrammes enregistrés quand l'électrode de travail est constituée de l'alliage de zinc A (Fig. 5c), notamment la partie anodique des courbes, on observe des pics cathodiques de réduction du polymère et dont l'intensité augmente régulièrement avec le nombre de cycles. Par ailleurs, un film de polythiophène se forme et recouvre la surface de l'électrode d'une façon homogène.

Enfin, comme prévu les courbes i-E enregistrées sur électrodes en alliage de zinc B (Fig. 5d) sont analogues à celles observées en absence du monomère. La dissolution anodique active de l'électrode empêche la formation du polymère.

b) Milieu nitrobenzène

Exception faite de l'alliage de zinc B, pour lequel une dissolution anodique importante se produit à partir de 0V, et empêche la formation du polymère (Fig. 6d), les séries de courbes voltammétriques obtenues sur zinc et alliage de zinc A représentées sur les figures 6a et 6b respectivement sont très similaires à celles obtenus sur Pt dans les mêmes conditions (Fig. 6c). Après l'étape de passivation, une croissance régulière des pics d'oxydation et de réduction du polymère est observée et un dépôt homogène polythiophène se fait à la surface de ces électrodes.

III.2.2- *Mode galvanostatique*

Différentes densités de courant ont été imposées aux électrodes de Zn, Pt et alliages de zinc A et B en milieux organiques {Solvant + $N(Bu)_4PF_6$ 0.1 M + thiophène 0.5 M}. Les courbes potentiel-temps varient considérablement en fonction des densités de courant appliquées et la nature de l'électrode de travail.

a) Milieu dichlorométhane

Dans le cas du zinc (Fig. 7A) et pour des faibles densités de courant ($j \leq 1mAcm^{-2}$) le potentiel se stabilise à des valeurs négatives qui correspondent à la dissolution du métal. Pour $j = 1$ mA cm^{-2}, le potentiel passe lentement de 0 à 1.6 V qui est le potentiel d'oxydation du thiophène. Cette transition entre la dissolution du métal et l'électropolymérisation du thiophène, s'accompagne de la formation de tâches de polythiophène dispersées sur toute la surface de l'électrode. Pour $j \geq 1$ mA cm^{-2}, la variation de potentiel est beaucoup plus rapide, et se stabilise à de valeurs de

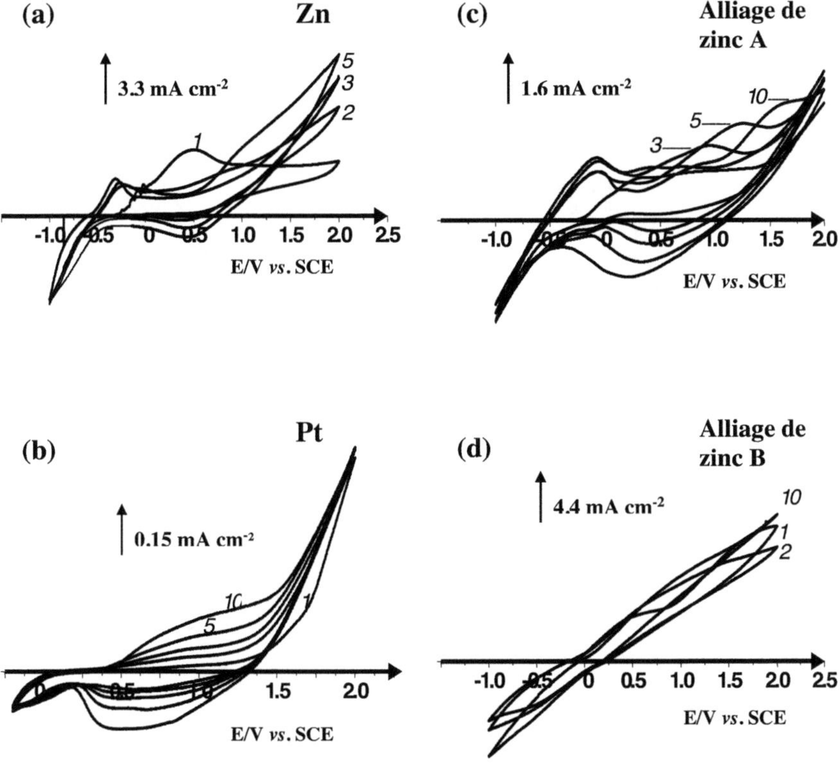

Figure 5 : Courbes voltammétriques j-E obtenues en milieu dichlorométhane + N(Bu)$_4$PF$_6$ 0.1M + thiophène 0.5M, sur électrodes de platine, de zinc et d'alliages de zinc A et B. Vitesse de balayage V$_b$ = 100 mV.s^{-1}.

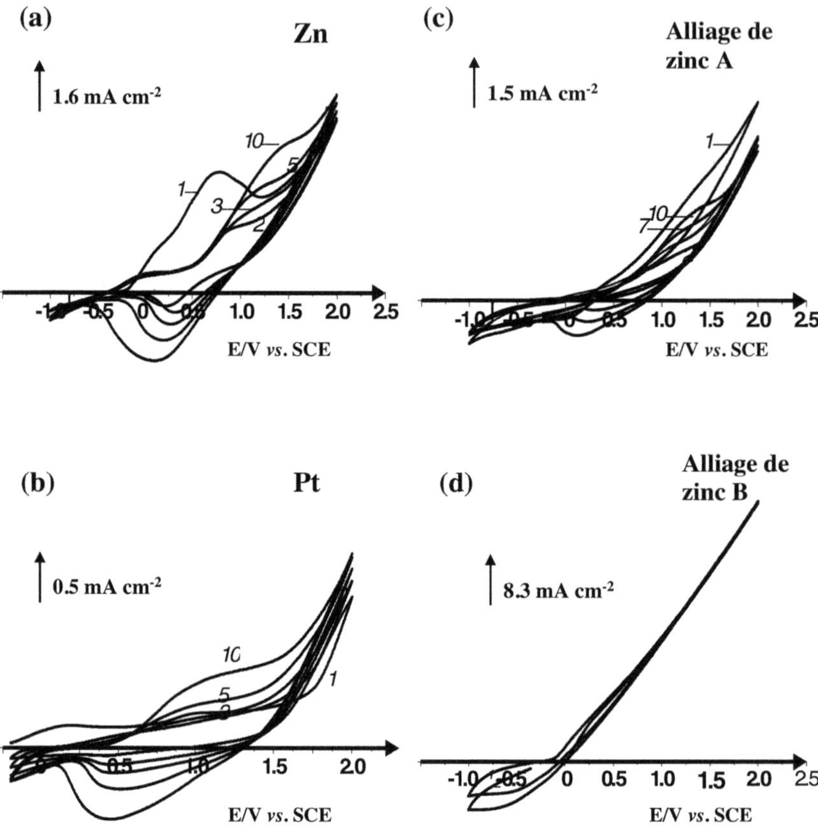

Figure 6 : Courbes voltammétriques j-E obtenues en milieu nitrobenzène + N(Bu)$_4$PF$_6$ 0.1M + thiophène 0.5M, sur électrodes de platine, de zinc et d'alliages de zinc A et B. Vitesse de balayage V_b = 100 mV.s^{-1}.

potentiel plus élevées que le potentiel d'électropolymérisation du thiophène. Ainsi pour j = 3 mA cm^{-2}, le potentiel de l'électrode de zinc se maintient constant à 2.5 V, et un film homogène épais, recouvrant parfaitement la surface du zinc est formé.

En ce qui concerne les alliages de zinc, seul l'alliage de zinc A a donné des résultats positifs. A des densités de courant supérieures ou égales à 3 mA cm^{-2} (Fig. 7B) le palier de potentiel se situe à des valeurs supérieures ou égales à 1.6 V et un film de polythiophène se forme à la surface de l'électrode. Pour des densités de courant inférieures à 3 mA cm^{-2} les valeurs de potentiel sont inférieures au seuil d'oxydation du thiophène (1.6 V *vs*. ECS) et la réaction de dissolution de l'électrode l'emporte.

L'électropolymérisation du thiophène sur Pt (Fig. 7D) commence pour des densités de courant relativement faibles supérieures ou égales 0.3 mA cm^{-2}. Quand la densité de courant imposée est augmentée, la valeur du palier de potentiel augmente et le film de polythiophène croît plus rapidement en épaisseur.

b) Milieu nitrobenzène

L'électropolymérisation du thiophène sur zinc en milieu nitrobenzène commence à des densités de courant plus élevées (Fig. 8A). A j = 10 mA cm^{-2} la valeur de potentiel atteint 1.6 V et diminue ensuite pour se stabiliser à 1.4 V un film noir inhomogène se forme à la surface de l'électrode. Pour les densités inférieures ou égale à 5 mA cm^{-2} le potentiel se fixe à des valeurs situées entre –0.5 et 0.65 V pour lesquelles l'oxydation du zinc se produit et inhibe la réaction d'électropolymérisation du thiophène.

Dans le cas de l'alliage de zinc A la variation du potentiel enregistrée à des densités de courant inférieures à 5 mA cm^{-2} est très faible et n'atteint pas le potentiel d'électropolymérisation (Fig. 8B). Mais dès qu'une densité de courant de 3 mA cm^{-2} est appliquée le potentiel évolue vers un palier de 1.6 V et un film de polymère inhomogène se forme à la surface de l'électrode. A j = 5 mA cm^{-2} le film de polythiophène devient homogène.

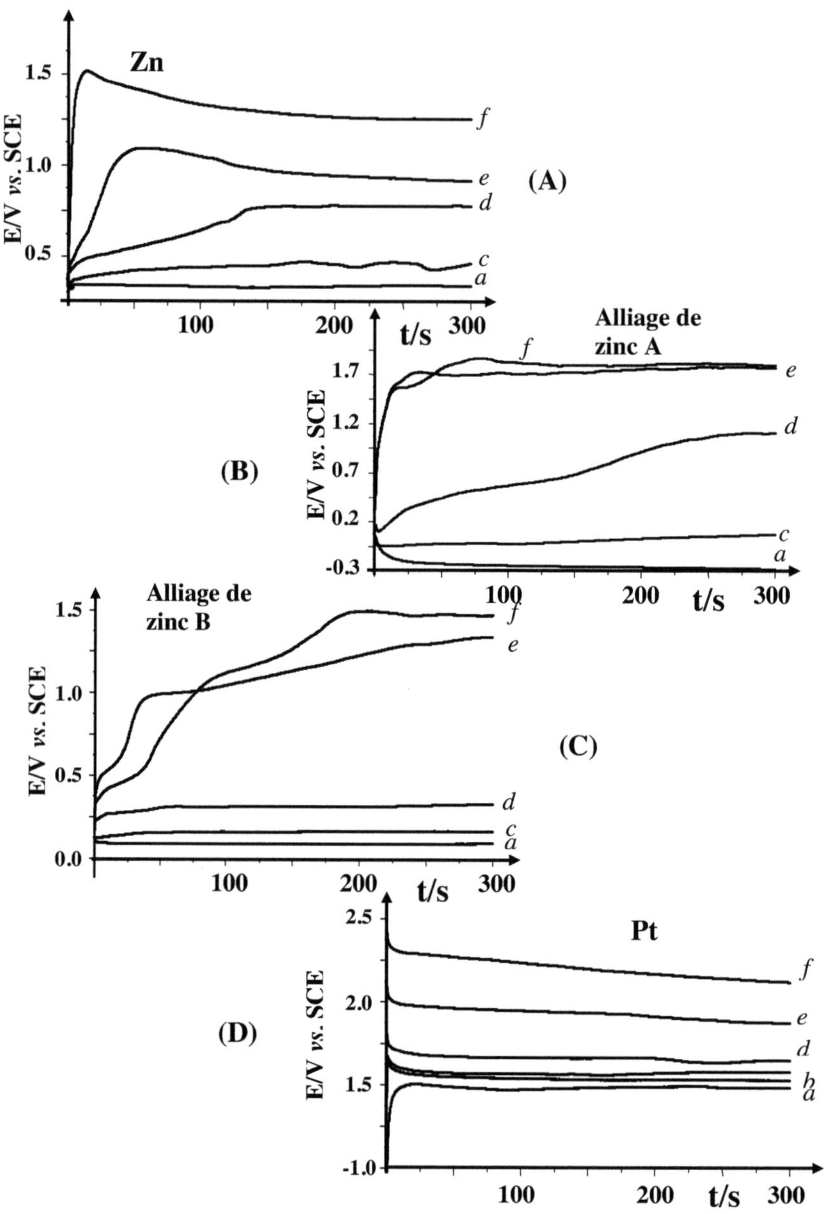

Figure 7 : Courbes chronopotentiométriques obtenues en milieu dichlorométhane + N(Bu)$_4$PF$_6$ 0.1M + thiophène 0.5M sur électrodes de zinc (A), d'alliage de zinc A (B) et B (C) et sur platine (D).
a) 0.1 mA cm^{-2}, b) 0.3 mA cm^{-2}, c) 0.5 mA cm^{-2}, d) 1 mA cm^{-2}, e) 3 mA cm^{-2}, f) 5 mA cm^{-2}

Sur alliage de zinc B, et comme dans le cas du dichlorométhane, les courbes E = f (t) (Fig.8D) montrent que pour toutes les densités de courant appliquées, le potentiel se fixe à des valeurs inférieures au potentiel d'électropolymérisation du thiophène, ce qui favorise la réaction de dissolution de l'électrode.

Enfin, Dans le cas du platine une densité de courant de 0.3 mA cm^{-2} est suffisante pour former un film homogène de polythiophène (Fig. 8C). Avec la croissance de la densité de courant, l'épaisseur du film de polymère augmente.

III.2.3- Mode potentiostatique

Nous avons rapporté sur le tableau I les résultats concernant la formation et l'homogénéité des films de PT obtenus par oxydation du thiophène en mode potentiostatique sur électrodes de zinc, de platine et d'alliages de zinc A et B. Des valeurs de potentiel encadrant le domaine d'oxydation du monomère ont été imposés en milieu CH_2Cl_2 ou $C_6H_5NO_2$ en présence de $N(Bu)_4PF_6$ 0.1 M et de thiophène 0.5 M. Les valeurs limites de densités de courant atteintes par les paliers des courbes j = f(t) sont également présentées sur le même tableau.

a) Milieu CH_2Cl_2

Sur électrode de zinc, un film de PT se dépose à partir de 1.68 V mais une bonne homogénéité du film formé n'est obtenue qu'à partir de 1.7 V (Fig. 9a). Plus la valeur du potentiel augmente plus la densité de courant enregistrée croit et plus le film de PT croit en épaisseur.

Lorsque l'électrode de travail est en alliage de zinc A (Fig. 9b) une valeur de potentiel de 1.66 V doit être imposée à l'électrode pour l'obtention d'un film homogène de polythiophène qui couvre la totalité de la surface.

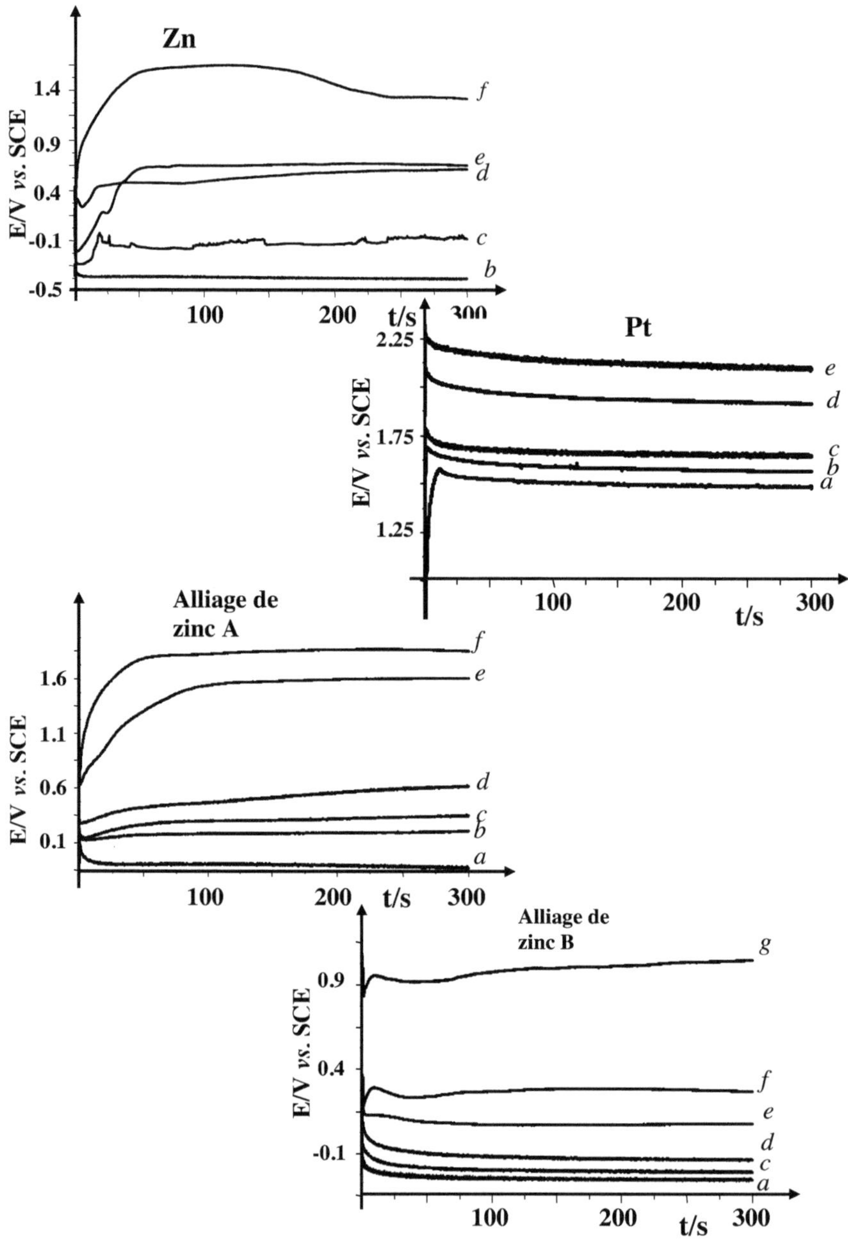

Tableau I: Electropolymérisation du thiophène par méthode potentiostatique en milieux CH₂Cl₂et C₆H₅NO₂ en présence de N(Bu)₄PF₆ 0.1M et thiophène 0.5M sur électrodes de zinc, platine et alliages de zinc A et B.

Solvant	Potentiel imposé	Zinc			Platine			Alliage de zinc A			Alliage de zinc B		
	V/(ECS)	$J/mAcm^{-2}$	Formation de PT	Homogénéité	$J/mAcm^{-2}$	Formation de PT	Homogénéité	$J/mAcm^{-2}$	Formation de PT	Homogénéité	$J/mAcm^{-2}$	Formation de PT	Homogénéité
CH₂Cl₂	1.60	2.1	N		0.8	N		1.9	N		2.6	N	
	1.62	2.3	N		0.9	O	+	2.6	N		3.1	N	
	1.64	2.5	N		1.2	O	+	3.0	N		3.9	N	
	1.66	2.7	N		1.3	O	+	3.3	O	+	4.4	O	−
	1.68	3.1	O	−	2.4	O	+	3.7	O	+	5.2	O	+
	1.70	3.5	O	+	2.8	O	+	4.4	O	+	5.7	O	+
	1.72	3.9	O	+	3.1	O	+	4.8	O	+	6.0	O	+
C₆H₅NO₂	1.60	0.6	N		0.6	N		3.9	N			N	
	1.62	1.2	N		0.75	O	+		N			N	
	1.64	1.8	N		0.85	O	+		N			N	
	1.66		N		0.9	O	+	4.6	O	−		N	
	1.68		O	−	1.1	O	+	5.9	O	+		N	
	1.70		O	+	1.2	O	+	7.9	O	+		N	
	1.72		O	+	1.35	O	+	8.5	O	+		N	

O : *Formation d'un film de polythiophène*
N : *Pas de formation de film de polythiophène*
+ : *Film homogène*
− : *Film inhomogène*

Dans le cas du Pt (Fig. 9c), l'électrodéposition d'un film homogène de PT est réalisée à partir des valeurs de potentiel supérieures ou égales à 1.62 V. la densité de courant se fixe sur des paliers pour lesquels l'épaisseur du film croit progressivement.

Enfin, dans le cas de l'alliage de zinc B, un film inhomogène se dépose sous forme d'îlots dispersés à la surface de l'électrode lorsqu'une valeur de potentiel de 1.66 V est appliquée (Fig. 9d), alors que le polymère ne commence à devenir uniforme qu'à partir de 1.68 V.

b) Milieu $C_6H_5NO_2$

Exception faite de l'alliage de zinc B pour lequel aucun film de polythiophène ne se forme, tous les autres substrats métalliques polarisés en milieu {$C_6H_5NO_2$ + $N(Bu)_4PF_6$ 0.1 M + thiophène 0.5 M} conduisent à l'obtention de films de PT plus ou moins homogènes. Dans le cas du zinc, (Fig. 10a) la réaction d'èlectropolymèrisation ne se déclenche qu'à partir de Eapp = 1.68 V et des films de polymère, dont l'homogénéité s'améliore progressivement avec la croissance du potentiel imposé, sont obtenus.

L'électrode d'alliage de zinc A nécessite 1.68 V comme valeur de potentiel appliquée pour amorcer la réaction d'électropolymérisation du thiophène (Fig. 10b).

Dans le cas du platine tous les films de polythiophène sont homogènes et s'obtiennent à des valeurs de potentiel supérieures ou égales à 1.62 V. Les courbes j = f(t) tendent vers des paliers dont la hauteur dépend du potentiel appliqué (Fig. 10c).

En conclusion, il ressort des résultats obtenus en mode potentiostatique que l'électropolymérisation du thiophène en milieu nitrobenzène est réalisée à des potentiels relativement plus élevés que ceux imposés dans le cas du dichlorométhane. Cela ne peut être dû qu'à la différence dans la constitution du milieu électrolytique et particulièrement le caractère acide plus prononcé dans le cas du nitrobenzène (DN = 8.1) en comparaison avec le dichlorométhane (DN = 4).

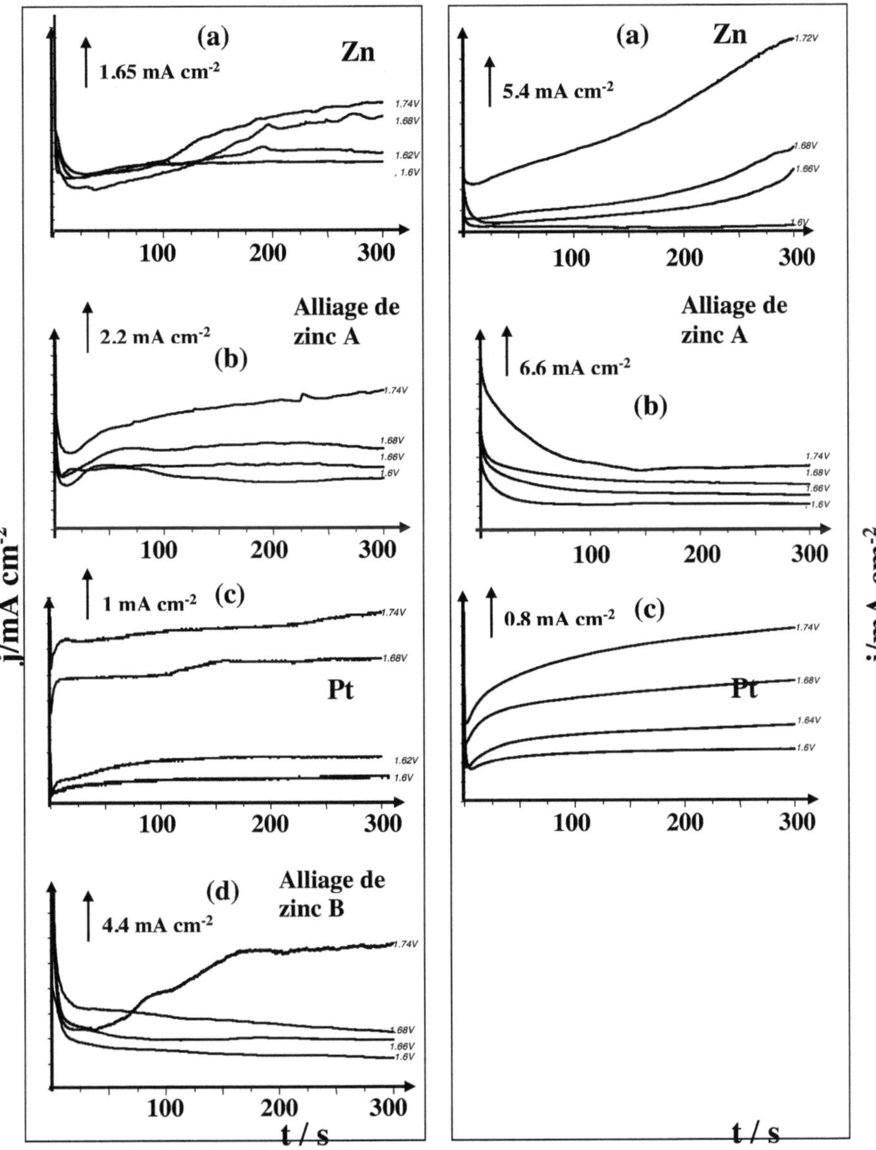

Figure 9 : Courbes chronoampérométriques obenues sur électrodes de Pt, Zn et alliages de zinc A et B en milieu {CH_2Cl_2 + N(Bu)$_4$PF$_6$ 0.1M + thiophène 0.5M.

Figure 10 : Courbes chronoampérométriques obenues sur électrodes de Pt, Zn et alliage de zinc A en milieu {$C_6H_5NO_2$ + N(Bu)$_4$PF$_6$ 0.1M + thiophène 0.5M.

IV- Caractérisation des films de polythiophène

IV.1- Analyse XPS

La spectroscopie de photoélectron X offre le moyen d'obtenir des informations sur la structure de polymère, sa composition élémentaire et son taux de dopage. Afin d'exploiter les capacités de cette technique, des films de polythiophène ont été synthétisés sur des plaques de zinc dans les mêmes conditions selon la procédure décrites ci-dessous. Les films de PT dans leurs états oxydés et réduits ont été rincés et séchés sous vide à 100°C pendant 24 h avant toute analyse.

IV.1.1- Signal du carbone

Après déconvolution du signal du carbone C 1s en trois composantes (Fig. 11a$_1$), on distingue un pic principal intense à 285 eV correspondant aux carbones appartenant aux groupements C-C et C-H, accompagné d'un pic de faible intensité à 286.2 eV dû à des atomes de carbone qui interagissent avec l'anion dopant PF$_6^-$ [20,21]. Un troisième pic de plus faible intensité situé à 288.2 eV est également décelé et correspond à des groupements carbonyles C=O fixés aux chaînes du polymère ou encore résultant d'une contamination de la surface des films.

Après réduction du film de PT à l'ammoniaque 20%, rinçage puis séchage sous vide, les pics du carbone gardent les mêmes énergies de liaisons (Fig. 11a$_2$). Cependant, le rapport d'intensités Ic$_{286.2}$/Ic$_{285}$ calculé à partir des aires des deux composantes situées à 286.2 et 258 eV diminue de 0.4 pour le film oxydé à 0.14 pour le film réduit, ce qui renforce l'hypothèse que le pic situé à 286.2 eV résulte d'atomes de carbones interagissant avec les anions dopants PF$_6^-$.

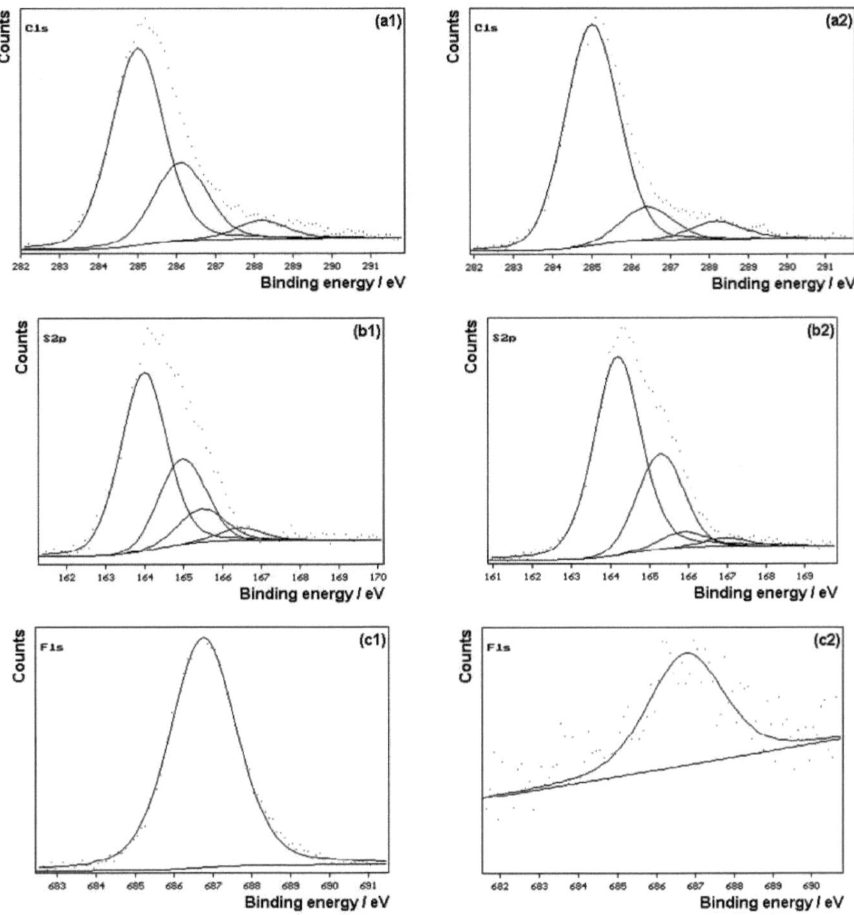

Figure 11 : Analyse XPS des formes oxydée (a₁, b₁, c₁) et réduite (a₂, b₂, c₂) de films de polythiophène électrodéposés sur électrodes de zinc. Signal du carbone C 1s (a₁, a₂), signale du soufre S 2p (b₁, b₂) et signal du fluor F 1s (c₁, c₂).

IV.1.2- Signal du soufre

Le signal du soufre S 2p apparaît beaucoup plus asymétrique à l'état oxydé qu'à l'état réduit (Fig. 11 b_1 et b_2). En effet, le massif S 2p peut être décomposé en deux doublets (S $2p^{3/2}$, S $2p^{1/2}$) situés à (164 eV, 165 eV) et (165.5 eV, 166.5 eV) dus respectivement aux atomes de soufre neutres et oxydés. Le rapport d'intensités des deux doublets S 2p (II)/S 2p (I) est étroitement lié au degré d'oxydation du polymère, il augmente lorsque le taux de dopage augmente. Dans notre cas, ce rapport vaut 0.08 pour le film réduit et 0.2 pour le film oxydé.

IV.1.3- Signal du fluor

L'analyse du signal du fluor F 1s confirme le dopage et le dédopage du polymère. A l'état oxydé dopé le signal du fluor est composé d'un seul pic symétrique à 686.7 eV représentant les atomes de fluor de l'anion dopant PF_6^- ; alors qu'à l'état réduit dédopé un signal F 1s de très faible intensité est détecté (Fig. 11 c_1 et c_2). Le calcul des rapports d'intensités des aires des signaux du fluor et du carbone ou du fluor et du soufre en tenant compte de la sensibilité de chaque élément donne des taux de dopage de 30% pour le film oxydé et 2 % pour le film réduit. Ce résultat est en accord avec le processus de dopage-dédopage du film de PT qui fait intervenir les anions PF_6^- de l'électrolyte support : lorsque le polymère est oxydé, des charges positives sont créées sur ses chaînes et l'anion PF_6^- s'insère à proximité de ces charges pour assurer la neutralité électrique ; le film est donc dopé à raison de 0.3 motifs de PF_6^- par noyau de thiophène. Inversement lors de la réduction du polymère presque la totalité des anions dopants PF_6^- sont expulsés vers la solution, d'où l'intensité très faible du signal F 1s dans le cas du film réduit dédopé.

IV.2- Analyse Raman

La diffusion Raman est une technique efficace pour la caractérisation des polymères conducteurs. Des informations sur la structure, les défauts de structure et le degré d'oxydation du polymère peuvent être obtenues par cette technique. La littérature scientifique abonde de travaux consacrés à l'utilisation de la spectroscopie Raman pour l'étude des polymères conducteurs, notamment le polypyrrole [22-36], la polyaniline [37-50], le polyparaphénylène [51-55] et le polythiophène [23,56-73].

Il est par ailleurs bien connu que les films de PT préparés par polymérisation électrochimique peuvent se présenter sous deux formes distinctes d'oxydation, une forme oxydée dopée et une forme réduite (ou neutre) dédopée. Le passage d'une forme à l'autre s'accompagne de modifications structurales importantes.

Dans le but de repérer les différents modes de vibrations des films de polythiophène électrodéposés sur électrodes de zinc, nous avons superposé sur la figure 12 les spectres Raman des formes oxydée et réduite du polymère existées à la longueur d'onde λ_e = 514.5 nm. Nous avons également rassemblé dans le tableau II Les différentes fréquences relevées sur les spectres avec leurs attributions respectives [74].

La différence la plus significative observée entre les deux spectres est l'intensité globale du spectre qui est environ quatre à cinq fois plus importante dans le cas de la forme réduite en comparaison avec la forme oxydée. Cette différence d'intensités est attribuée à un effet de résonance de la forme réduite qui présente une bande d'absorption intense au voisinage de la longueur d'onde du laser excitateur (λ_e = 514.5 nm). Cette bande située à 480 nm et liée aux transitions électroniques π-π^* est absente dans le spectre d'absorption du polythiophène oxydé.

Parmi les bandes reliées aux modes normaux de vibration notés v_1 et v_7 dans le tableau II et sur la figure 12, la plus intense est v_2 qui correspond au mode d'élongation symétrique des double-liaisons C=C du noyau [74]. Il est établi dans la littérature que les bandes notées D_2 à D_5 caractérisent les défauts de structure dans les chaînes du polythiophène. Sauvajol *et al.* [75] ont rapporté que le mode normal ν_1 associé à la vibration d'élongation antisymétrique des double-liaisons C=C du noyau chevauche avec un autre mode lié à un défaut de structure noté D_1.

Tableau II : Fréquences et attributions des bandes Raman des formes oxydée et réduite du polythiophène électrodéposé sur zinc.

Nombres d'onde / cm^{-1}		Attributions	Notation
Forme oxydée	Forme réduite		
1497.1	1497.9	Elongation antisymétrique des C=C du noyau	ν_1
1451.3	1455.6	Elongation symétrique des C=C du noyau	ν_2
1367.0	1368.7	Elongation des C-C du noyau	ν_3
1221.1	1216.8	Elongation des C-C inter-cycles	ν_4
1046.7	1045.0	Déformation des C-H	ν_5
740.4	740.4	Elongation des C-S	ν_6
699.6	698.7	Déformation des C-S-C	ν_7
1497.1	1497.9	Défaut de structure	D_1
1178.3	1177.4	Défaut de structure	D_2
1155.9	1155.1	Défaut de structure	D_3
683.2	681.4	Défaut de structure	D_4
650.4	649.5	Défaut de structure	D_5

La fréquence de la bande ν_1 ne dépend pas de l'état d'oxydation du film de polythiophène, mais sa largeur et son intensité relative en dépendent. L'élargissement de ce mode avec l'oxydation peut être attribué à un changement dans la distribution de la longueur de conjugaison entre l'état réduit et l'état oxydé du polythiophène. La conjugaison associée à la délocalisation des électrons π est favorisée quand les noyaux du polymère sont dans le même plan, ce qui conduit à un recouvrement maximum des orbitale p_z des carbones C-C inter-cycles. L'oxydation produit des distorsions dans les chaînes du polythiophène [76] et réduit la coplanarité des noyaux et ainsi la longueur de conjugaison. L'intensification de ce mode dans le cas du polymère oxydé renforce l'hypothèse de la présence d'un mode D_1 lié à un défaut de structure qui se superpose au mode ν_1.

La bande ν_3. d'intensité très faible, est attribuée au mode d'élongation des simple-liaisons C-C des noyaux. Il a été montré [77] que ce mode inactif subissait une forte exaltation lorsque l'analyse était effectuée sur des films de polythiophène électrodéposés sur électrodes d'argent.

Le domaine spectral autour de 700 cm^{-1} contient, en plus des bandes ν_6 et ν_7 attribuées aux vibrations de déformation des noyaux du polythiophène, deux autres bandes notées D_4 et D_5 associées aux défauts de planéité dans les chaînes du polymère [74-76]. Les rapports d'intensités des bandes D_2, D_3, D_4 et D5 aux bandes ν_6 et ν_7 ont été utilisés par plusieurs auteurs [74-76,78] comme indicateurs du taux de défauts dans le polymère. Pour cela, et dans le but d'évaluer la *qualité* des films de PT, nous avons eu recours à une décomposition de cette zone du spectre en cinq bandes de profils de Voigt (Fig. 13). Dans le tableau III nous avons rassemblé les valeurs des rapports d'intensités $I(D_4)/I(\nu_6)$, $I(D_5)/I(\nu_6)$, $I(D_4)/I(\nu_7)$ et $I(D_5)/I(\nu_7)$, pour les deux échantillon oxydé et réduit du polythiophène déposé sur zinc. Les valeurs trouvées confirment que les distorsions autour des liaisons inter-cycles sont plus prononcées pour l'échantillon oxydé que pour l'échantillon réduit.

Tableau III : Rapports d'intensités des bandes liées aux défauts de structure D_4 et D_5 aux bandes normales de vibrations ν_6 et ν_7.

Echantillons	$I(D_4)/I(\nu_6)$	$I(D_5)/I(\nu_6)$	$I(D_4)/I(\nu_7)$	$I(D_5)/I(\nu_7)$
PT^{ox}/Zn	2.17	2.75	0.54	0.69
PT^{red}/Zn	0.77	0.64	0.35	0.29

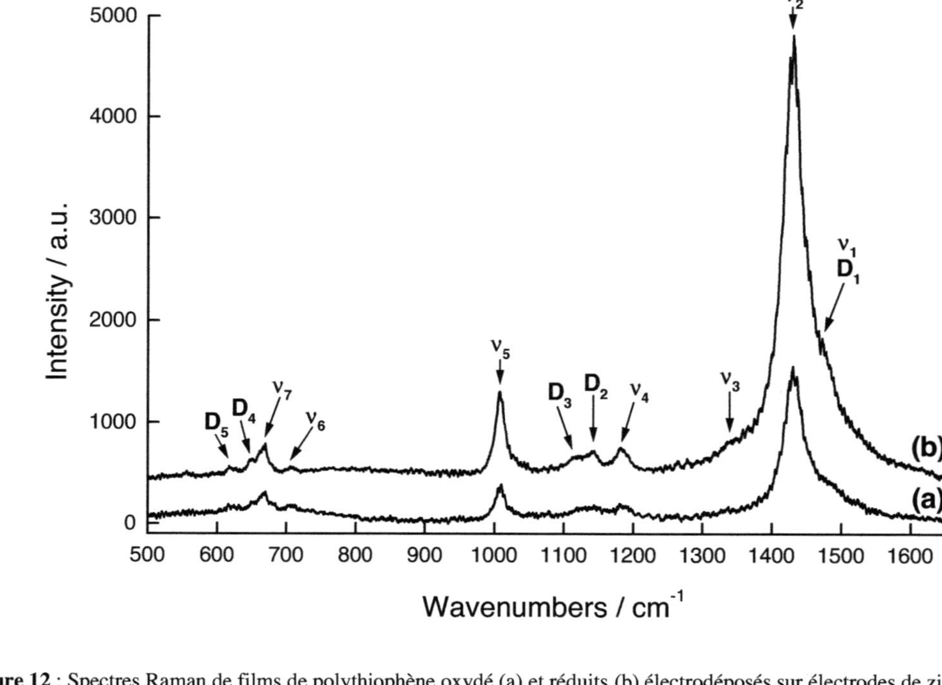

Figure 12 : Spectres Raman de films de polythiophène oxydé (a) et réduits (b) électrodéposés sur électrodes de zinc. Les bandes ν_1 à ν_7 représentent des modes normaux de vibration et les bandes notées D_1 à D_5 sont associées à des modes de défauts de

IV.3- Morphologie des films de polythiophène

Des films de PT synthétisés par les méthodes potentiodynamique et galvanostatique sur électrodes de zinc en milieu {$C_6H_5NO_2$ + $N(Bu)_4PF_6$ 0.1 M + Thiophène 0.5 M} ont été analysés par microscopie électronique à balayage (SEM). Des différences morphologiques notables sont relevées sur les micrographes des films de PT électrosynthétisés par les deux modes électrochimiques. En effet, le mode galvanostatique qui permet de mieux contrôler la cinétique globale du processus d'électropolymérisation conduit à des films de PT épais et homogènes (Fig. 14). Les couches internes du polymère synthétisé par application de densités de courant constantes sont compactes, tandis que les couches externes présentent une structure globulaire. Le mode potentiodynamique conduit à une polymérisation localisée sur les sites actifs de l'électrode de zinc. L'échange électronique dense au niveau de ces sites actifs permet aux premiers germes du polymère de se former et de croître dans toutes les directions pour aboutir à une structure en chaux-fleur composée de petits modules et dont la taille augmente au cours des balayages successifs du potentiel.

V- Conclusion

L'électropolymérisation du thiophène sur des électrodes de zinc et alliages de zinc a été réalisée par un choix judicieux des constituants du milieu électrolytique. A l'instar de l'étude réalisée sur l'électropolymérisation du thiophène sur d'autres substrats métalliques [7], il s'est avéré que les solvants organiques à caractère acide selon le concept d'acidité de Gutmann, en présence de $N(Bu)_4PF_6$ comme électrolyte support constituent les milieux électrolytiques les plus favorables à l'élaboration de films de polythiophène à la surface des substrats zingués.
Plusieurs techniques électrochimiques telles que la voltammétrie cyclique, le mode chronopotentiométrique et le mode chronoampérométrique ont été testées. L'analyse morphologique par microscopie électronique à balayage et les tests au ruban adhésif

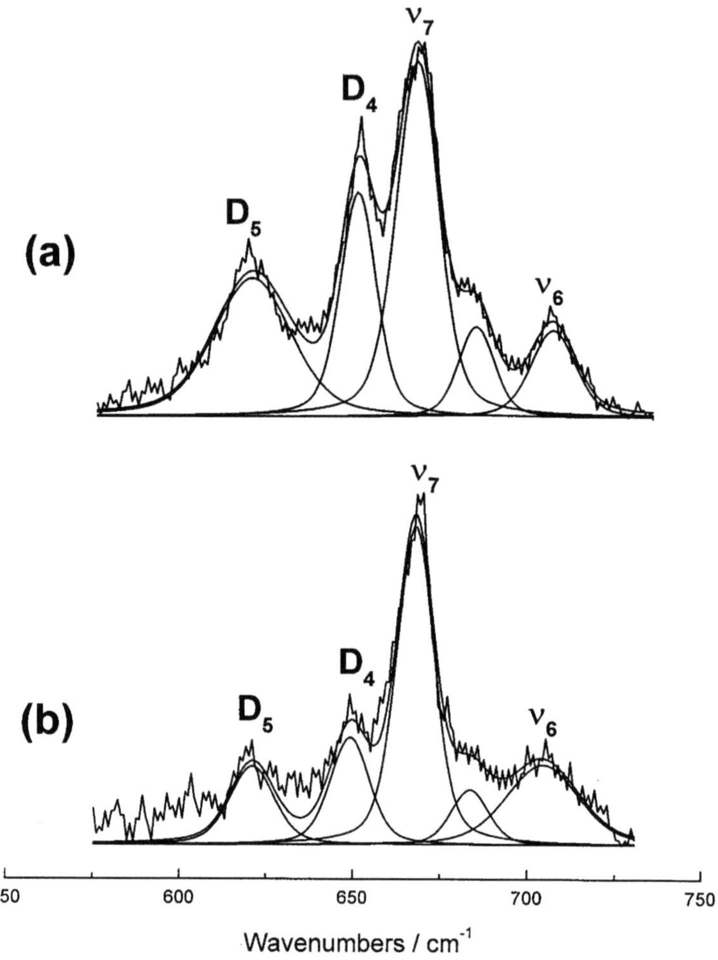

Figure 13 : Décomposition du domaine spectral autour de 700 cm^{-1} en bandes dans le cas de films de polythiophène oxydé (a) et réduit (b) électrodéposés sur électrodes de zinc. Les bandes D_4 et D_5 liées aux défauts de structure sont plus intenses pour la forme oxydée que pour la forme réduite.

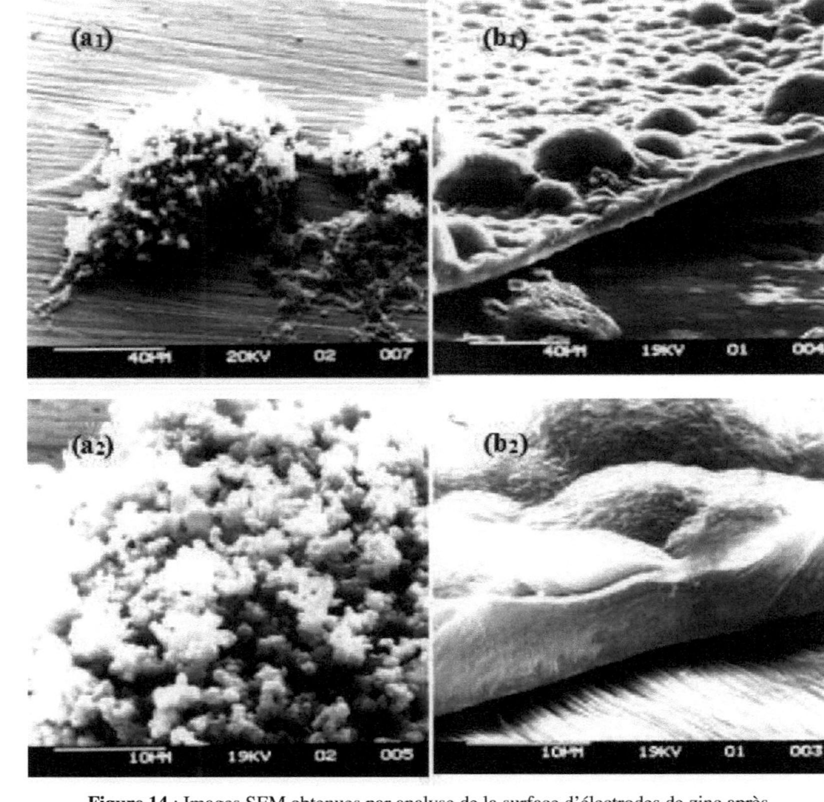

Figure 14 : Images SEM obtenues par analyse de la surface d'électrodes de zinc après électropolymérisation du thiophène en milieu {$C_6H_5NO_2$ + $N(Bu)_4PF_6$ 0.1 M + thiophène 0.5 M} en modes potentiodynamique (a_1 et a_2) et galvanostatique (b_1 et b_2).

normalisé ont montré que les meilleurs films du point de vue homogénéité et adhérence sont obtenues en mode galvanostatique.

Par ailleurs, les analyses vibrationnelle par diffusion Raman et élémentaire par spectroscopie de photoélectron X ont permis de confirmer que les films de polythiophène élaborés sur zinc et alliages de zinc possèdent les mêmes caractéristiques structurales que les films obtenus classiquement sur métaux nobles tels le platine. En outre, une analyse approfondie des caractéristiques spectrales (fréquences, intensités relatives et largeurs à mi-hauteurs) des bandes clefs v_1 à v_7 (modes normaux) et D_1 à D_5 (modes de défauts) a montré que les films oxydés sont moins ordonnés et contiennent plus de défauts de structure que les films réduits de polythiophène électrodéposés sur substrats zingués.

[1] Z. Deng, W.H. Smyl and H.S. White, *J. Electrochem. Soc.*, **136** (1989) 2152.

[2] S. Ren and D. Barkey, *J. Electrochem. Soc.*, **139** (1992) 1021.

[3] T.F. Otero, C. Santamaria, E. Angulo and J. Rodriguez, *Synth. Met.*, **55** (1993) 1574.

[4] S. Aeiyach, A. Koné, M. Dieng, J.J. Aaron and P.C. Lacaze, *J. Chem. Soc.*, (1991) 822.

[5] U. Barsch and F. Beck, *Synth. Met.*, **55** (1993) 1638.

[6] P. Lang, Z. Mekhalif, F. Garnier and R. Régis, in P.C. Lacaze (Ed.), *Organic Coatings*, AIP Press, Woodbury, New York (1996) p. 176.

[7] S. Aeiyach, E.A. Bazzaoui and P.C. Lacaze, *J. Electroanal. Chem.*, **434** (1997) 153.

[8] T.A. Skotheim (Ed.), *Handbook of Conducting Polymers*, Marcel Dekker, New York (1986).

[9] A.F. Diaz, J. Crowley, J. Bargon, G.P. Gardini and J.B. Torrance, *J. Electroanal. Chem.*, **121** (1981) 355.

[10] A.F. Diaz, *Chem. Scripta.*, **17** (1981) 145.

[11] G. Tourillon and F. Garnier, *J. Electroanal. Chem.*, **135** (1982) 173.

[12] K. Kaneto, K. Yoshino and Y. Inuishi, *Jpn. J. Appl. Phys.*, **21** (1982) 567.

[13] R.J. Waltman and J. bargon, A.F. Diaz, *J. Phys. Chem.*, **87** (1983) 1459.

[14] G. Tourillon and F. Garnier, *J. phys. Chem.*, **87** (1983) 2289.

[15] J. Prejza, I. Landstrom and T.A. Skotheim, *J. Electrochem. Soc.*, **129** (1982) 1682.

[16] M. Gazard, J.C. Dubois, M. Champagne, F. Garnier and G. Tourillon, J. *Phys. Paris Colloq.*, **3** (1983) 537.

[17] A.J. Bard and R. Faulkner (Eds.), *Electrochimie, Principes, Méthodes et Applications*, Masson, Paris (1983).

[18] D.A. Shifler, P.J. Moran and J. Kruger, *Corrosion Sci.*, **32** (1991) 475.

[19] K.M. Abraham, J.L. Goldman and D.L. Natwig, *J. Electrochem. Soc.*, **129** (1982) 2404.

[20] G. Morea, L. Malitesta, L. Sabbatini and P.G. Zambini, *T. Chem. Soc. Faraday trans.* **86** (1990) 3769.

[21] G. Morea, L. Sabbatini, R.H. West and J.C. Vickerman, *Surf. Interf. Anal.*, **18** (1992) 421.

[22] C.H. Olk, Jr C.P. Beetz and J. Heremans, *J. Materials Research*, **3** (1988) 984.

[23] E. Faulques, W. Wallonofer and H. Kuzmzny, *J. Chem. Phys.*, **90** (1989) 7585.

[24] M. Yamaura, T. Hagiwara, M. Hirasaka, T. Demura and K. Iwata, *Synth. Met.*, **28** (1989) 157.

[25] S.P. Armes, M. Aldissi and S.F. Agnew, *Synth. Met.*, **28** (1989) 837.

[26] B. Tian and G. Zerbi, *J. Chem. Phys.*, **92** (1990) 3886

[27] B. Tian and G. Zerbi, *J. Chem. Phys.*, **92** (1990) 3892

[28] T. Hagiwara, M. Hirasaka, K. Sato and M. Yamaura, *Synth. Met.*, **36** (1990) 241.

[29] S. Umapathy and R .E. Hester, *J. Mol. Structure*, **224** (1990) 113.

[30] V. Mehrotra, J.L. Keddie, J.M. Miller and E.P. Giannelis, *J. Non-Cryst. Solids*, **136** (1991) 97.

[31] C.K. Chong, C. Shen, Y. Fong, J. Zhu, F.X. Yan, S. Brush, C.K. Mann and T.J. Vickers, *Vibrational spectrosc*, **3** (1992) 35.

[32] C.Q. Jin, X.G. Kong and X.J. Liu, *Synth. Met.*, **55** (1993) 536.

[33] M. Fukuyama, N. Nanai, T. Kojima, Y. Kudoh and S. Yoshimura, *Synth. Met.*, **58** (1993) 367.

[34] M.J. Hearn, J.W. Fletcher, S.P. Church and S.P. Armes, *Polymer*, **34** (1993) 262.

[35] C.M. Jenden, R.G. Davidson and T.G. Tuner, *Polymer*, **34** (1993) 1649.

[36] G. Zerbi and M. Veronelli, *J. Chem. Phys.*, **100** (1994) 978.

[37] J. Tanaka, N. Mashita, K. Mizouguchi and K. Kume, *Synth. Met.*, **29** (1989) 175.

[38] N.S. Sariciftci, M. Bartonek, H. Kuzmany, H. Neugebauer and A. Neckel, *Synth. Met.*, **29** (1989) 193.

[39] G.E. Matsubayashi and T. Doi, *Synth. Met.*, **33** (1989) 99.

[40] M. Bartonek, N.S. Sriciftci and H. Kuzmany, *Synth. Met.*, **36** (1990) 83.

[41] M. Bartonek, and H. Kuzmany, *Synth. Met.*, **37** (1990) 57.

[42] H ; Kuzmany and M. Bartonek, *Europhys. Let.*, **12** (1990) 167.

[43] S. Cordoba-Torresi, A. Hugot-Le Goff and S. Joiret, *Proceedings of the SPIE – The International Society for Optical Engineering*, **1272** (1990) 162.

[44] C.Q. Jin, W.N. Liu, X.G. Kong and X.J. Liu, *Phys. Stat. Sol.*, **165** (1991) 105.

[45] S. Quillard, G. louam, J.P. Buisson, S. Lefrant, J. Masters and A.G. MacDiarmid, *Synth. Met.*, **50** (1992) 525.

[46] M.C. Bernard, S. Cordoba-Torresi and A. Hugot-Le Goff, *Solar Energy materials and Solar Cells.*, **25** (1992) 225

[47] S. Quillard, G. Louarn, J.P. Buisson, S. Lefrant, J. Masters and A.G. MacDiamid, *Synth. Met.*, **55** (1993) 175.

[48] N.S. Sariciftci, A.J. Heeger, V . Krasevec, P. Venturini, D. Mihailovic, Y. Cao, J. Libert and J.L. Brédas, *Synth. Met.*, **62** (1994) 107.

[49] Ph. Colamban, A. Gruger, A. Novak and A. Régis, *J. Mol. Structure*, **317** (1994) 261.

[50] C. Engert, S. Umapathy, W. Kiefer and H. Hamaguchi, *Chem. Phys. Let.*, **218** (1994) 87.

[51] C. Castiglioni, M. Gussoni and G. Zerbi, *Synth. Met.* **29** (1989) 1.

[52] M. Hanfland, A. brillante, K. Syassen, M. Stamm and J. Fink, *Synth. Met.* **29** (1989) 13.

[53] Y. Pelous, G. Froyer, C. Herold and S. Lefrant, *Synth. Met.*, **29** (1959) 17.

[54] E. Rzepka, C.Q. Jin, S. Lefrant, Y. Pelous, G. Froyer and A. Silove, *Synth. Met.*, **29** (1989) 23.

[55] M. Hanfland, A. Brillante, K. Syassen, M. Stamm and J. Fink, *J. Chem. Phys.*, **90** (1989) 1930.

[56] Opez Navarrete and G. Zerbi, *Synth. Met.*, **28** (1989) 15.

[57] J.L. Sauvajol, D. Chenouni, S. Hasoon and J.P. Lère-Porte, *Synth. Met.*, **28** (1989) 293.

[58] S. Hasoon, M. Galtier, J ;L. Sauvajol, J.P. Lère-Porte, A. Bonniol and B. Moukala, *Synth. Met.*, **28** (1989) 317.

[59] C. Botta, S. Luzzati, G. Dellepiane and C. Taliani, *Synth. Met.*, **28** (1989) 331.

[60] G. Poussigue and C. Benoit, *Journal of Physics : Condensed Matter*, **1** (1989) 9547.

[61] T. Kobayashi, M. Yoshizawa, U. Stamm, M. Taiji and M. Hasegawa, *Journal of the Optical Society of America*, **7** (1990) 1558.

[62] J.T Lopez Navarrete and G. Zerbi, *J. Chem. Phys.*, **94** (1991) 957.

[63] J.T Lopez Navarrete and G. Zerbi, *J. Chem. Phys.*, **94** (1991) 965.

[64] G. Zerbi, B. Chierichetti and O. Inganas, *J. Chem. Phys.*, **94** (1991) 4637.

[65] G. Poussigue, C. Benoit, J.L. Sauvajol, J.P. Lère-Porte and C. Chorro, *Journal of Physics : Condensed Matter*, **3** (1991) 8803.

[66] M. Youshizawa, A. Yasuda and T. Kobayashi, *Applied Physics*, **53** (1991) 296.

[67] S.D. Halle, M. Yoshizawa, H. Murata, T. Tsutsui, S. Saito and T Kobayashi, *Synth. Met.*, **50** (1992) 429.

[68] T. Kobayashi and M. Yoshizawa, *Mol. Cryst. Liq. Cryst.*, **217** (1992) 83.

[69] G. Lauam, J.Y. Mevellec, J.P. Buisson and S. Lefrant, *Synth. Met.*, **55** (1993) 587.

[70] G. Louam, J. Kruszka, S. Lefrant, M. Zagorska, I. Kulszewicz-Bayer and A. Pron, *Synth. Met.*, **61** (1993) 233.

[71] G. Zerbi, R. Radaelli, M. Veronelli, E. Brenna, F. Sannicolo and G. Zotti, *J. Chem. Phys.*, **98** (1993) 4531.

[72] K. Tashiro, Y. Minagawa, M. Kobayashi, S. Morita, T. Kawai and K. Yoshino, *Jpn. Appl. Phys.*, **33** (1994) 1023.

[73] F.J. Ramirez, V. Hernandez and J.T. Lopez Navarrete, *J. Comput. Chem.*, **15** (1994) 405.

[74] G. Louarn, J.Y. Mevellec, J.P. Buisson and S. Lefrant, *J . Chim. Phys.*, **89** (1992) 987.

[75] J.l. Sauvajol, G. Poussigue, C. Benoit, J.P. Lère-Porte and C. Chorro, *Synth. Met.*, **41** (1991) 1237.

[76] M ; Akinoto, Y. Furukawa, H. Takeuchi, I. Harada, Y. Sona and M. Sona, *Synth. Met.*, **15** (1986) 353.

[77] E.A. Bazzaoui, G. Lévi, S. Aeiyach, J. Aubard, J.P. Marsault and P.C. Lacaze, *J. Phys. Chem.*, **99** (1995) 6628.

[78] J.L. Sauvajol, D. Chenouni, J .P. Lère-Porte, C. Chorro, B. Moukala and J. Petrissans, *Synth. Met.*, **38** (1990) 1.

Conclusion générale

Cette thèse s'insère dans le cadre de l'utilisation des polymères conducteurs pour des fins de protection des métaux usuels contre la corrosion.

Le problème de corrosion qui peut être défini comme l'interaction physico-chimique à l'interface entre le métal et son environnement, touche actuellement tous les domaines de l'activité industrielle et provoque de sérieux dégâts sur les plans économiques et écologiques.

L'ampleur du problème a nécessité le déploiement d'efforts considérables pour la mise au point de techniques et procédures susceptibles de ralentir la vitesse de ce processus et d'amortir son impact sur la productivité industrielle. Dans ce contexte différents moyens ont été mis en œuvre pour lutter contre la corrosion dont notamment les protections cathodique et anodique, les revêtements métalliques, les peintures et vernis, les inhibiteurs de corrosion …

Avec la découverte d'une nouvelle famille de matériaux polymériques facilement synthétisables par voie électrochimique tels que le polypyrrole, le polythiophène et la polyaniline, un nouvel horizon de recherche dans le domaine de la lutte anticorrosion s'est ouvert. Cependant, malgré que ce type de problèmes a été abordé depuis les années 70, les travaux de recherche sur l'application des polymères conducteurs comme revêtements protecteurs des métaux oxydables contre la corrosion restent peu nombreux et limités à quelques types de polymères.

Partant de ce constat, nous avons décrit dans cette thèse sous divers aspect les conditions électrolytiques et les techniques électrochimiques permettant l'élaboration de films de polypyrrole sur des électrodes en métaux oxydables notamment en zinc et alliages de zinc. Nous avons effectivement montré dans une première partie que l'électropolymérisation du pyrrole sur zinc et alliages de zinc peut être réalisée dans des solvants organiques à caractère acide ou neutre, selon le concept d'acidité de Gutmann, en présence de $para$-toluène sulfonate de tétraéthylammonium $(N(Et)_4Tos$). Les films de polypyrrole ne sont obtenus que si les substrats zingués ont subit un traitement chimique préalable de leurs surfaces par immersion dans une solution aqueuse de sulfure de sodium (Na_2S 0.2 M) pendant une durée de 12 heures. Cependant, dans le cas de l'acétonitrile des films composites de PPy − oxydes de zinc peuvent être élaborés sur électrodes de zinc sans avoir recours au traitement de surface précité.

La morphologie des revêtements polymériques obtenus et leur adhérence varient en fonction de l'acidité du solvant et dépendent étroitement des conditions d'électrosynthèse. Effectivement, les films les plus homogènes et les plus adhérents sont obtenus en milieu CH_3CN ou PC en présence de $N(Et)_4Tos$ en mode galvanostatique avec des densités de courant relativement faibles.

Les analyses spectroscopiques par XPS, IR et Raman ont montré que les films de polypyrrole électrodéposés sur le zinc et les alliages de zinc ont globalement les mêmes caractéristiques structurales et composition élémentaire que ceux électrosynthétisés sur des substrats nobles tels que le platine.

Nous avons ensuite étendu notre étude à l'électropolymérisation du même monomère en milieu aqueux en raison du double intérêt que présente l'eau sur les plans économique et écologique. Nous avons montré la possibilité de faire croître des films de polypyrrole à la surface des métaux oxydables usuels, particulièrement sur le zinc et des substrats zingués utilisés à grande échelle dans l'industrie. Les revêtements polymériques obtenus en milieu aqueux $\{H_2O + Na_2C_4O_6H_4\ 0.2\ M + pyrrole\ 0.5\ M\}$ sont homogènes et très adhérents malgré que les supports métalliques oxydables n'ont pas subit de traitements chimiques ou électrochimiques de passivation préalables.

En outre, les tests au brouillard salin infligés à ces échantillons ont montré que les films préparés dans ce milieu électrolytique aqueux sous ultrasons sont dotés de capacités de protection anticorrosion très élevées. Chose que nous avons attribuée au nettoyage continu par les vagues ultrasoniques de la surface métallique de toute substance résiduelle susceptible de réduire le taux d'accrochage du polymère à la surface de l'électrode lors de son électrosynthèse

Par ailleurs, diverses techniques d'analyse spectroscopiques et microscopiques ont été utilisées pour caractériser les revêtements obtenus. En particulier, la microscopie électronique à balayage a révélé une structure morphologique homogène et compacte des films et a permis une évaluation de leurs épaisseurs qui s'échelonnent, suivant la valeur du potentiel ou du courant imposés ou le nombre de balayages cycliques de potentiels effectués, entre quelques nanomètres et quelques dizaines de micromètres.

D'autre part, l'analyse élémentaire par la spectroscopie de photoélectron X et l'analyse vibrationnelle par les spectroscopies infra-rouge et Raman ont indiqué que le revêtement élaboré dans le milieu aqueux {H_2O + $Na_2C_4O_6H_4$ 0.2 M + pyrrole 0.5 M} présente les mêmes caractéristiques structurales que celui obtenu classiquement en milieu organique sur des substrats nobles comme le platine.

Enfin, pour mieux illustrer notre étude, nous avons prouvé à travers l'élaboration d'un film de PPy homogène et adhérent sur une poignée de porte en laiton que le revêtement grâce à ses très bonnes performances peut assurer un double rôle qui consiste à protéger efficacement l'objet métallique contre la corrosion tout en lui assurant un aspect esthétique agréable.

Les résultats intéressants obtenus dans cette investigation nous ont encouragé à appliquer la technique d'électrosynthèse en milieu organique à un autre type de monomère, le thiophène, dont le potentiel d'oxydation beaucoup plus élevé que celui du pyrrole conduirait à des difficultés plus sérieuses. En effet, l'électropolymérisation du thiophène sur des électrodes de zinc et alliages de zinc n'a été réalisée qu'après un choix judicieux des constituants du milieu électrolytique. A l'instar de l'étude réalisée sur l'électropolymérisation du thiophène sur d'autres substrats métalliques oxydables [7], il s'est avéré que les solvants organiques à caractère acide selon le concept d'acidité de Gutmann, en présence de $N(Bu)_4PF_6$ comme électrolyte support constituent les milieux électrolytiques les plus favorables à l'élaboration de films de polythiophène à la surface des substrats zingués.

Plusieurs techniques électrochimiques telles que la voltammétrie cyclique, le mode chronopotentiométrique et le mode chronoampérométrique ont été testées. L'analyse morphologique par microscopie électronique à balayage et les tests au ruban adhésif normalisé ont montré que les meilleurs films du point de vue homogénéité et adhérence sont obtenues en mode galvanostatique.

Par ailleurs, les analyses vibrationnelle par diffusion Raman et élémentaire par spectroscopie de photoélectron X ont permis de confirmer que les films de polythiophène élaborés sur zinc et alliages de zinc possèdent les mêmes caractéristiques structurales que les films obtenus classiquement sur métaux nobles tels le platine. En outre, une analyse approfondie des caractéristiques spectrales (fréquences, intensités relatives et largeurs à mi-hauteurs) des bandes clefs ν_1 à ν_7 (modes normaux) et D_1 à D_5 (modes de défauts) a montré que les films oxydés sont moins ordonnés et contiennent plus de défauts de structure que les films réduits de polythiophène électrodéposés sur substrats zingués.

More
Books!

Printed by Books on Demand GmbH, Norderstedt / Germany